近未來

宇宙探索計畫

登陸月球╳火星移居╳太空旅行，人類星際活動全圖解！

One small step for man, one giant leap for mankind.

Space Activities

InfoVisual研究所 著

陳識中 譯

目次

近未來
宇宙探索計畫

登陸月球×火星移居×太空旅行，
人類星際活動全圖解！

前言
太空旅行和移居火星
已不再是夢想⋯⋯⋯⋯⋯⋯⋯ 4

Part 1 太空月曆 從2019年到近未來

1 加速迎向新時代，
各國的太空發展競賽⋯⋯⋯⋯⋯ 6

2 2021年2月前仆後繼的
火星探查任務⋯⋯⋯⋯⋯⋯⋯ 8

3 民間人士陸續飛向太空，
太空旅行時代的起點⋯⋯⋯⋯ 10

4 「阿波羅計畫」結束後半世紀，
人類再次前往月球⋯⋯⋯⋯⋯ 12

5 國際合作在月球軌道上
建造太空站⋯⋯⋯⋯⋯⋯⋯⋯ 14

6 月球之後是火星，
人類終於要登陸火星⋯⋯⋯⋯ 16

7 太空旅行伸手可及，
移居火星也不再是夢!? ⋯⋯ 18

8 全球的宇宙相關組織、企業，
其中之一或許就是
你未來工作的地方⋯⋯⋯⋯⋯ 20

9 閱讀本書前需要知道的
宇宙相關基本詞彙⋯⋯⋯⋯⋯ 22

Part 2 離開地球 前往宇宙

1 幾乎不存在空氣，從高空
100公里處開始就是太空⋯⋯ 24

2 體驗太空的第一步就是
前往100公里的高空⋯⋯⋯⋯ 26

3 讓笨重的火箭飛上天，
擺脫地球引力的原理⋯⋯⋯⋯ 28

4 次世代民間火箭靠重複使用
減少太空運輸的成本⋯⋯⋯⋯ 30

5 繞著地球轉的最大太空基地，
民用太空船首次抵達ISS ⋯⋯ 32

6 逐漸老化的ISS繼承者
將是民間太空站？⋯⋯⋯⋯⋯ 34

7 ISS的研究解開謎團，
微重力對人體的影響⋯⋯⋯⋯ 36

Part 3 再次 登月吧

1 距今半世紀前
站上月球的12個人 ⋯⋯⋯⋯ 38

2 載人月球探查計畫的第二階段，
阿提米絲計畫開始了⋯⋯⋯⋯ 40

3 日本的JAXA和年輕的太空新創
陸續將探測器送向月球⋯⋯⋯ 42

4 打造月球和火星的入口，
「月球門戶」太空站⋯⋯⋯⋯ 44

5 人類終於再次前往月球，
目標是建立月球基地⋯⋯⋯⋯ 46

6 人類在太空生存
必須掌握的5項技術⋯⋯⋯⋯ 48

7 日本隊將在2029年
發射載人月面探測車⋯⋯⋯⋯ 50

8 月球基地在2100年將發展為
有1萬人在上面工作的城市 ⋯ 52

Part 4　航向太陽系的更遠處

1 飛向紅色行星火星！
半世紀無人探測的軌跡‥‥‥‥ 54

2 載人火星旅行的有力候補，
民間火箭「SpaceX星艦」‥‥ 56

3 移居火星的人類將住在
模擬地球環境的圓頂都市‥‥‥ 58

4 人類為解開太陽之謎
而發射的觀測衛星和探測器‥‥ 60

5 太陽靠核融合燃燒，
並不斷吹出高熱的太陽風‥‥‥ 62

6 最接近太陽的水星是
還沒探測完的小行星‥‥‥‥‥ 64

7 被厚雲覆蓋的金星，
冷戰下美蘇的探測競賽‥‥‥‥ 65

8 即使是灼熱地獄的金星，
在雲層底下也能住人‥‥‥‥‥ 66

9 沒能成為太陽的巨大氣體行星，
連衛星都充滿個性的木星‥‥‥ 68

10 擁有美麗星環的土星，
衛星上可能存在生命‥‥‥‥‥ 70

11 由冰和氣體構成的藍色行星，
躺著自轉的天王星‥‥‥‥‥‥ 72

12 離太陽最遠的海王星，
暴風吹襲的極寒世界‥‥‥‥‥ 73

13 跨越冥王星和太陽系邊界，
離開太陽系的航海家號‥‥‥‥ 74

14 乘載來自地球的訊息，
航海家號向銀河系啟程‥‥‥‥ 76

Part 5　航海家號飛向宇宙之謎

1 離開銀河系後
滿是謎團的宇宙‥‥‥‥‥‥‥ 78

2 為什麼銀河的中心有黑洞？
下一個大謎團‥‥‥‥‥‥‥‥ 80

3 宇宙充滿未知的物質，
暗物質也是其一‥‥‥‥‥‥‥ 82

4 宇宙的膨脹正在加速，
未知的暗能量‥‥‥‥‥‥‥‥ 84

5 來自深空的宇宙微波
證明了大霹靂‥‥‥‥‥‥‥‥ 86

6 宇宙是從一無所有的空間
像吹泡泡一樣冒出來的!?‥ 88

結語

為了人類和地球的未來，
我們將繼續向宇宙學習‥‥‥ 90

參考文獻、參考網站‥‥‥‥ 91

索　引 ‥‥‥‥‥‥‥‥‥‥ 92

＊本書刊載之圖版除有特殊標註者外，皆由編輯部根據公開資料製作。

＊本誌刊載之太空發展計畫等資訊乃2021年9月之資料，可能因各種原因而發生變化。

太空旅行和移居火星
已不再是夢想

在地球面臨
氣候危機的現在，
前往宇宙的意義
是什麼呢？

2050年代，人類將開始移民火星。有位民間航太公司的CEO（首席執行官）如此宣言。為了實現這個目標，他現在正全力推動太空船的研發，我們則可以在YouTube上欣賞到那艘名為「星艦」的巨大銀色太空船，在自動駕駛下平安地於升空後再次著陸的實驗影像。

過去只存在於科幻小說和未來學中的太空探險和宇宙旅行，已不再只是單純的夢想或虛構的冒險故事，如今它正漸漸走向我們的日常生活，成為再真實也不過的現實事件。

如果正在閱讀本書的你現在14歲，那麼到了2050年時也才43歲，仍是年輕氣盛的年紀。說不定你會成為第一批移民火星的人類。假如按照預想，2040年時平民已能輕鬆地到月球旅行，那麼屆時才30多歲的你，說不定會豁出去帶著家人一起到環繞月球軌道的飯店上玩個三天兩夜。不，也許你就在那間飯店上工作。

不過在2050年這個節點，我們除了宇宙發展的目標外，還有另一個重要的目標。為了將全球暖化導致的氣候變遷負面影響減至最低，全球必須努力在2050年將二氧化碳排放量降至淨零。假如沒能達成這項目標，科學家預測未來地球的氣候將威脅人類的生存。比起前往宇宙，我們應該集中所有智慧和資源，迴避這場攸關人類存亡的危機。會有人提出這樣的見解也是理所當然的。

其中更有些人不留情地批評，說2050年的火星移民計劃只不過是那些有能力離開地球的富翁用來逃避地球氣候變遷的計畫。2021年7月，美國Amazon公司的創辦人傑夫·貝佐斯搭乘自己公司研發的火箭飛上宇宙時，社群網路上很多人如此說道：

「一路順風，然後永遠別回來了。」

　　人類文明向宇宙發展，只是一個有天可能會成真，全人類共通的天真夢想——這樣的時代已然終結，一如太空競賽被當成國家和意識形態代理戰爭的時代已經結束，太空事業逐漸成為人類現實生活的一部分，存在意義開始受到質疑。

　　現在，當我們腳下的地球正在著火的時刻，推動太空計畫的意義何在？愈來愈多人開始產生本質性的疑問。

　　本書首先將關注以2019為起點，全球太空發展相關事件的一大變化。那就是民間企業開始進入過去由國家主導的太空事業，使太空事業成為民間經濟活動的一部分。開頭提到的2050年火星移民計劃也是源自這波浪潮。諸如此類的新太空計畫，已經一直規劃到了2100年。

　　首先請大家跟著本書，一起來看看未來80年的人們究竟想在太空做什麼。並一起在這個過程中思考看看，人類的宇宙發展究竟有什麼樣的意義，又或是完全沒有意義。

　　假如你以後想在太空工作的話，相信本書可以幫助你模擬想像一下，自己可以從人類至2100年的宇宙事業中找到什麼東西。

　　無論如何，讓我們開始吧。

Part 1
太空月曆 從2019年 到近未來 ①

加速迎向新時代 各國的太空發展競賽

2019

A 2019年1月3日 中國 CNSA
月球探測器「嫦娥4號」成為全球首個在月球背面登陸的探測器。

B 2019年5月23日 美國 SpaceX公司
一次將60個通信衛星射上低地軌道。

C 2019年5月10日 美國 藍色起源公司
〈12歲〉公佈登月艇「藍月（Blue Moon）」的詳細資訊。

星鏈　　　地球衛星軌道

2019

A

「嫦娥4號」在月球的南極-艾特肯盆地登陸，並在月面放出探測車「玉兔2號」。

2019年1月3日中國的月球探測器「嫦娥4號」成為全球首個成功登陸月球背面的探測器。

2018年12月8日CNSA（中國國家航天局）在西昌衛星發射中心發射「長征3號B」火箭。

「玉兔2號」除了攝影機外，還搭載了透地雷達、光譜儀、冰探測機器。

為了從月球背面收發電波，中國事先在月球軌道上部署了通訊衛星。

B

SpaceX

SpaceX的「星鏈（Starlink）計畫」試圖用小型通訊衛星建立全球網路。目前已發射了1600個衛星。

C Blue Origin
藍色起源公司

公開了登月艇「藍月」的詳細資料。這是一台從無人探測到載人登月兩用的多用途登陸器。目前正與SpaceX競爭NASA的合約。

藍色起源是間由Amazon創辦人貝佐斯成立的航太公司。

D

探測器「維克拉姆（Vikram）」在登陸月面後就失去聯繫，但已確認了登陸地點。

印度用獨立研發的火箭GSLV-MKIII發射了月面探測器「月船2號」。

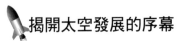

🚀 揭開太空發展的序幕

　　人類首次成功的載人太空飛行是在1961年。在那60年後的今天，太空發展迎來了新的時代。本章我們按照年代順序，看看近年的大事和到2100年代為止已規劃好的主要太空計畫。

　　2019年到2020年這兩年，陸續發生了

幾件堪稱揭開太空發展新時代序幕的大事。2019年1月，中國的月球探測器「嫦娥4號」成為世界首架登陸月球背面的探測器。長久以來，太空發展領域一直由美國和俄羅斯（過去是蘇聯）領導，但近年中國的成長顯著，存在感大幅提升。

　　另一方面，NASA（美國太空總署）在2020年7月發射了火星探測器「毅力號」，

6

2019～2020

人物下方的年齡代表若在2019年時為12歲，則到該年分時為幾歲。

D 2019年7月22日　印度　ISRO
月球探測器「月船2號（Chandrayaan-2）」在降落月球的途中失聯。

2020

E 2020年5月5日　中國　CNSA
超大型火箭「長征5號B」和新型載人太空船首次升空。

F 2020年7月30日　美國　NASA
〈13歲〉火星探測任務「火星2020」開始。發射探測器。

G 2020年10月13日　美國　藍色起源公司
「新雪帕德火箭」的無人試射實驗成功。

H 2020年11月16日　美國　SpaceX公司
商用載人太空船「載人飛龍號（Crew Dragon）」將太空人送上國際太空站。

I 2020年12月6日　日本　JAXA
小行星探測器「隼鳥2號」成功從小行星「龍宮星」取回樣本。

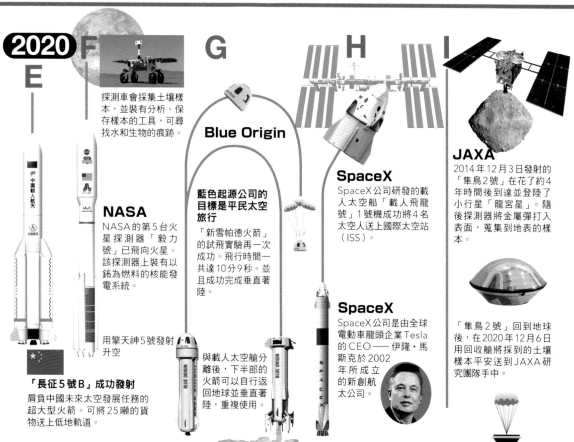

2020　E　F　G　H　I

探測車會採集土壤樣本，並裝有分析、保存樣本的工具，可尋找水和生物的痕跡。

Blue Origin

NASA
NASA的第5台火星探測器「毅力號」已飛向火星。該探測器上裝有以鈽為燃料的核能發電系統。

用擎天神5號發射升空

藍色起源公司的目標是平民太空旅行
「新雪帕德火箭」的試飛實驗再一次成功。飛行時間一共達10分9秒。並且成功完成垂直著陸。

與載人太空艙分離後，下半部的火箭可以自行返回地球並垂直著陸，重複使用。

SpaceX
SpaceX公司研發的載人太空船「載人飛龍號」1號機成功將4名太空人送上國際太空站（ISS）。

SpaceX
SpaceX公司是由全球電動車龍頭企業Tesla的CEO——伊隆·馬斯克於2002年所成立的新創航太公司。

JAXA
2014年12月3日發射的「隼鳥2號」在花了約4年時間後到達並登陸了小行星「龍宮星」。隨後探測器將金屬彈打入表面，蒐集到地表的樣本。

「隼鳥2號」回到地球後，在2020年12月6日用回收艙將採到的土壤樣本平安送到JAXA研究團隊手中。

「長征5號B」成功發射
肩負中國未來太空發展任務的超大型火箭。可將25噸的貨物送上低地軌道。

展開以調查火星生物蹤跡為目的的「火星2020」任務。

而更近一步象徵新時代的大事，則是民間航太企業的崛起。網路購物平台龍頭Amazon公司的創辦人貝佐斯，在2000年成立了藍色起源（Blue Origin）公司。這間公司的目的是實現太空旅行，並在2020年10月成功完成了「新雪帕德火箭（New Shepard）」的無人試飛。

另外，電動車龍頭大廠Tesla的老闆馬斯克也在2002年成立了SpaceX公司。該公司在2020年11月成為第一家將太空人送上國際太空站（ISS）的民間企業。

Part 1 太空月曆 從2019年 到近未來 ②

2021年2月前仆後繼的 火星探查任務

2021

A 2021年1月18日　英國　維珍軌道公司
在空中發射「發射者一號」火箭，成功將人造衛星射入地球軌道。

B 2021年1月15日　美國　藍色起源公司
成功完成載人太空船「新雪帕德火箭」的無人升空、回收、與著陸。

C 2021年2月9日　阿拉伯聯合大公國
火星探測器希望號抵達火星軌道。希望號是用日本的H-IIA火箭在種子島發射的。

D 2021年2月10日　中國　CNSA
火星探測器「天問1號」抵達火星軌道。

E 2021年2月19日　美國　NASA
火星探測任務「火星2020」的探測器「毅力號」登陸火星。

〈14歲〉

2021

A Virgin ORBIT

維珍軌道公司用獨特的方法成功發射衛星

維珍公司將火箭裝在波音747的機翼下，從高空發射火箭，成功將衛星射上低地軌道。此方法可降低成本，且從任何機場都能發射火箭。

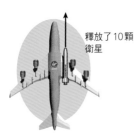

釋放了10顆衛星

理查·布蘭森的挑戰

維珍軌道是英國創業家理查·布蘭森領導的太空發展公司，是維珍集團的子公司。

＝C

UAE的火星探測器抵達火星

阿拉伯聯合大公國（UAE）發射的探測器「希望號」抵達火星軌道。這是UAE在2117年建立火星都市計畫的第一步。

B

Blue Origin

藍色起源公司的「新雪帕德火箭」成功升空並著陸

朝載人飛行邁出一大步。

JAXA

「希望號」是用日本的H-IIA火箭在種子島發射升空的。

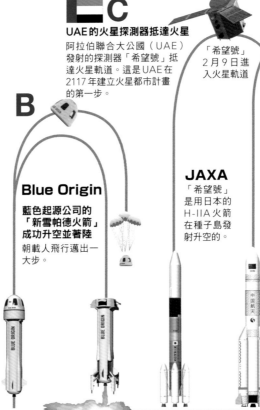

「天問1號」2月10日進入火星軌道

「毅力號」2月19日登陸火星

「希望號」2月9日進入火星軌道

2021年是火星探測的爆發年

D

中國探測器「天問1號」也抵達火星

「天問1號」搭載了登陸器和探測車「祝融號」。擁有各種測量器和透地雷達與磁場檢測器，可調查火星的地形。

「天問1號」是用長征5號發射升空的。長征5號經過數次開發推延後終於實用化，是中國製的大型火箭。

已有三個國家向火星發射探測器

2021年2月，前一年7月各國從地球發射的火星任務探測器，紛紛在此時抵達火星。

打頭陣的，是企圖建立火星都市的阿拉伯聯合大公國（UAE）。2月9日，中東第一架火星探測器「希望號」成功進入火星的軌道。隔天2月10日，中國首架火星探測器「天問1號」也到達火星軌道。接著在2月19日，NASA的火星探測器「毅力號」登陸火星。搭載其上的小型直升機「機智號」則在4月19日成功於火星上飛行。

火星探測任務集中在這個時期並非偶然，而是因為那時火星和地球的距離變短，可以用最少的燃料到達火星。

> 日本的太空新創公司也在各自的領域活躍

2021

F 2021年3月4日　美國　SpaceX公司
可重複利用的載人太空船「星艦」成功完成升空和著陸，但隨後發生爆炸。

G 2021年3月22日　日本　Axelspace公司
成功發射4台量產型超小型衛星「GRUS」。

H 2021年3月22日　日本　Astroscale公司
成功用聯盟號運載火箭將首個太空垃圾回收衛星射入地球軌道。

I 2021年3月25日　英國　OneWeb公司
用聯盟2號運載火箭發射網路用衛星。該衛星於2020年2月開始升空，預計將發射4萬8000個。

J 2021年4月7日　美國　SpaceX公司
將60個星鏈衛星射入低地軌道。

K 2021年4月19日　美國　NASA
火星探測器上的小型直升機「機智號」成功在火星上飛行。

H Astroscale
發射回收太空垃圾的衛星
日本的新創企業Astroscale公司發射了用於清除軌道上太空垃圾的衛星「ELSA-d」，進行清除太空垃圾的實驗。

K NASA
火星探測器上搭載的直升機「機智號」首次成功飛行。火星的大氣濃度相當於地球高空1萬2000公尺的地方，過去曾被認為不可能飛行。

「毅力號」於2月18日在火星的耶澤羅撞擊坑

星鏈

J SpaceX
SpaceX公司
成功在短短一個月內發射了300顆小型通訊衛星。使用的火箭是自家的獵鷹9號運載火箭。

E
NASA
NASA的火星探測任務「火星2020」啟動
「火星2020」是NASA主導的火星探測任務。其目標是探測、驗證火星是否曾有生命存在，或是否曾存在適合生物生存的環境。該任務由登陸車「毅力號」和小型直升機「機智號」組成。

F SpaceX
SpaceX「星艦」成功發射和著陸
可重複使用的大型太空船「星艦」在升空10公里後，自己控制姿勢下降著陸，成功回到原本的發射地。

但該火箭在著陸幾分鐘後爆炸起火，研判原因是燃漏外洩。

G
Axelspace
日本的新創企業成功發射地球觀測衛星
Axelspace公司的目標是用可量產的超小型衛星開創全新的地球探測事業。

「ELSA-d」是用俄國的聯盟號運載火箭發射升空的。

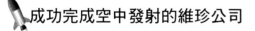

成功完成空中發射的維珍公司

2021年也是民間航太公司躍進的一年。與藍色起源、SpaceX齊名，同樣受到國際關注的還有另一家公司，那就是由英國企業家布蘭森在2004年成立的維珍銀河（Virgin Galactic）。同屬維珍集團的子公司維珍軌道（Virgin Orbit）在同年1月18日成功完成「發射者一號（LauncherOne）」火箭的空中發射。該公司用從飛機機翼下發射火箭的劃時代方法，將人造衛星發射到地球軌道上，證明了就算沒有發射基地也能夠發射火箭。

民間人士陸續飛向太空
太空旅行時代的起點

A 2021年4月23日　美國　NASA
SpaceX公司的載人飛龍號將4名太空人送上國際太空站。

B 2021年4月29日　中國　CNSA
太空站「天宮」開始建造，首塊模組發射升空。

C 2021年5月15日　中國　CNSA
登陸器從火星探測器「天問1號」分離，成功登陸火星。

D 2021年7月12日　英國
維珍銀河公司的創辦人理查·布蘭森搭乘自家公司的太空船飛上太空。

E 2021年7月20日　美國
藍色起源公司的創辦人傑夫·貝佐斯搭乘自家公司的太空船新雪帕德號完成首次太空飛行。

F 2021年7月3日、31日　日本
太空火箭開發新創的星際科技（Interstellar Technologies）公司的低軌道用火箭成功發射。

〈14歲〉

2021

B
中國
新的中國太空站「天宮」

「天宮」的總質量為66噸，由可長期駐留3人的核心艙模組和2個實驗艙模組組成。核心艙模組「天和」長16.6m，最大直徑4.2m。

「天宮」的核心艙「天和」目前已用「長征5號B」火箭發射升空。之後將繼續發射數個模組，預計於2022年完成組裝。完成後，將以載人太空船「神舟」負責運送太空人，並由無人補給船「天舟」輸送物資。

成功搭乘「長征5號B」升空

「長征5號B」火箭是歷經長期研發的「長征5號」的延伸型。即便放眼世界，該火箭的酬載量也是最頂級的。

C
從中國的火星探測器「天問1號」發射的火星登陸機成功在火星北半球登陸，並放下搭載的探測車。

對太空體驗感到歡喜的布蘭森

A
SpaceX
SpaceX公司第二次成功將太空人運送至ISS

太空人搭乘的「載人飛龍號」，以及運載用的獵鷹9號火箭第一段推進器預計都將重複使用。任務完成後，推進器會自己回到地球。

4位乘員之一的星出彰彥是ISS的船長。是第二位擔任船長的日本人。

E
貝佐斯在推特上對先一步完成太空飛行的布蘭森抗議，認為85公里的高度並不算太空。相對於布蘭森優雅地滑翔著陸，貝佐斯則是用降落傘在荒野著陸。

我飛到100公里

85km

D

Blue Origin
新雪帕德號

F Interstellar Technologies
日本的星際科技公司在7月3日和31日連續成功發射自家開發的低軌道用火箭「MOMO」。為商業使用打開巨大的可能性。

太空船2號

VIRGIN GALACTIC

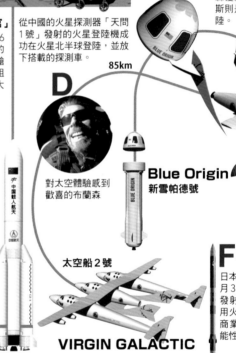

漸成現實的太空旅行

　　2021年7月，2名實業家的動向引起全球注目。美國藍色起源公司的老闆貝佐斯和英國維珍銀河的老闆理查·布蘭森，分別宣佈將搭乘自家公司的太空船前往宇宙。這兩人究竟誰會先飛上宇宙，引起全球熱烈的關注。

　　最後拔得頭籌的是布蘭森。7月12日，布蘭森搭乘的「太空船2號」爬升到約85公里的高空，順利完成了約70分鐘的飛行。該公司將火箭裝在噴射機上在空中分離發射的獨特方式也引起不少話題。

　　另一方面，貝佐斯搭乘的太空船「新雪帕德號」則在7月20日由火箭發射升空，來到離地約100公里的高空。這艘全自動化的

太空新創公司創辦人的
太空之旅

2021~2022

G 2021年10月31日　NASA、ESA、CSA
哈伯太空望遠鏡的後繼者詹姆斯・韋伯太空望遠鏡預定將由亞利安5號火箭發射升空。

H 美國　SpaceX公司
實施「Inspiration4」計畫。用「載人飛龍號」載送4位平民環繞地球軌道一圈。

I 日本　JAXA
預定將在2021年內試射次世代主力火箭H3。

J 美國　公理太空公司
計畫運送4位平民前往ISS進行太空旅行。

2022

K ESA、NASA、JAXA
預定將向木衛三發射木星冰月探測器「JUICE」。

L 中國
新太空站預計將完工。

〈15歲〉

G

詹姆斯・韋伯
太空望遠鏡
預計將進入太陽軌道

NASA ESA CSA

詹姆斯・韋伯太空望遠鏡
六角形的鏡面組合成蜂巢狀，使反射鏡面的面積最大化，擁有史上最高的解析度。該望遠鏡備受期待可展開早期銀河的形成過程。

用「亞利安5號」發射
雖然一度因事故而延遲開發，但該型火箭擁有全球最頂級的酬載量。

H　民間太空旅行的起點

**首次只有平民的
太空飛行 Inspiration4**
由美國支付系統公司的CEO贊助進行的太空旅行。該計畫搭乘「載人飛龍號」在低地軌道環繞地球三天。使用的「載人飛龍號」在4月時也曾運送太空人前往ISS。

4名乘員除主辦者兼船長的賈里德・艾薩克曼外，都是基於慈善理念挑選出來的。

JAXA

**日本 JAXA的H3
將要發射**
經歷漫長延期的H3火箭預定將在2021年年內發射。

I

J
**平民在
國際太空站駐留**
公理太空公司的太空旅行。預定將送4位平民到ISS停留8天。

ESA JAXA NASA

由ESA、JAXA、NASA合作的木星探測任務「JUICE」正式啟動。

2022

K　木星冰月探測計畫「JUICE」

預計將探測木衛三、木衛四、木衛二等3個月衛星

這是一項由歐洲太空總署（ESA）主持，日本和美國從旁協助的國際任務。預計將探索被科學家推測存在冰層下存有海洋的三個木星衛星。由於到達木星需要依靠25次的重力助推，因此需要高度的軌道航行技術。日本為該計畫提供了4個觀測機器。

L 🇨🇳
中國的太空站「天宮」將完工，開始使用

這座太空站將開放國際科學研究使用，目前有來自27個國家的42個研究計畫報名。

2024年，預計將發射哈伯太空望遠鏡等級的望遠鏡，與太空站結合使用。

太空船在完成約10分鐘的飛行後，平安回到地表。

太空發展公司的創業者相繼成功完成太空飛行，讓平民太空旅行又朝現實邁進了一步。不論是維珍銀河還是藍色起源，兩家公司皆已開放大眾預約可體驗無重力環境的微太空旅行。

除此之外，美國的SpaceX公司也在2021年9月實施只限民間人士乘坐的太空旅行計畫「Inspiration4」。美國的公理太空公司預計將在2022年1月前將民間人士送上國際太空站（ISS）。各家公司都競相要實現太空旅遊的商業化。

「阿波羅計畫」結束後半世紀
人類再次前往月球

2022

A 日本　JAXA
預計發射X光天文衛星「XRISM」。

B 日本　JAXA
預計發射無人月球探測機「SLIM」。

C 日本　ispace公司
〈15歲〉啟動月球探測任務「HAKUTO-R」。目標是讓月球探測器登陸月球。

2023

D 日本　JAXA
第三代導航衛星系統「準天頂」增加到7顆。

E 美國　NASA
預計將在2023年到2025年間發射木衛二探測器「木衛二快船（Europa Clipper）」。

F 美國　SpaceX公司
〈16歲〉正在規劃用星艦環繞月球軌道的太空旅行。預計將有日本人參加。

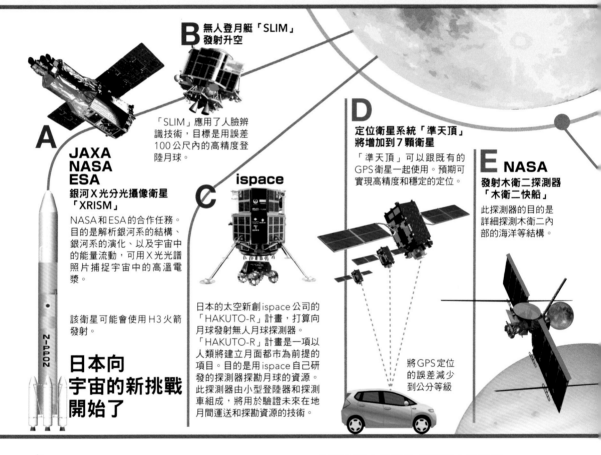

B 無人登月艇「SLIM」發射升空

「SLIM」應用了人臉辨識技術，目標是用誤差100公尺內的高精度登陸月球。

A JAXA NASA ESA
銀河X光分光攝像衛星「XRISM」

NASA和ESA的合作任務。目的是解析銀河系的結構、銀河系的演化、以及宇宙中的能量流動，可用X光光譜照片捕捉宇宙中的高溫電漿。

該衛星可能會使用H3火箭發射。

日本向宇宙的新挑戰開始了

C ispace

日本的太空新創ispace公司的「HAKUTO-R」計畫，打算向月球發射無人月球探測器。「HAKUTO-R」計畫是一項以人類將建立月面都市為前提的項目。目的是用ispace自己研發的探測器探勘月球的資源。此探測器由小型登陸器和探測車組成，將用於驗證未來在地月間運送和探勘資源的技術。

D 定位衛星系統「準天頂」將增加到7顆衛星

「準天頂」可以跟既有的GPS衛星一起使用。預期可實現高精度和穩定的定位。

E NASA
發射木衛二探測器「木衛二快船」

此探測器的目的是詳細探測木衛二內部的海洋等結構。

將GPS定位的誤差減少到公分等級

以NASA為中心重啟月球探勘

從本節開始，將介紹不遠的將來已規劃好的太空發展計畫。

自人類首次踏上月球的1969年以來，美國的「阿波羅」計畫已六度成功送人登陸月球。之後，探月計畫中斷了很長一段時間。但過了半世紀左右，美國又啟動了要將太空人再次送上月球的「阿提米絲計畫」。

這項計劃的目標是讓太空人再次登陸月面，然後建立橋接月球和火星的中繼基地，建立月球軌道平台「月球門戶」太空站，最終探勘火星。這是一項以NASA為中心的國際項目，包含日本在內的許多國家都有參加。

日本也對月球探測展開全新挑戰

2022~2024

〈17歲〉

2024

G 日本、法國、德國
預計發射火星探測器「MMX」。

H 美國　NASA
啟動「阿提米絲計畫」。與載人登陸月球的「阿提米絲」計畫一併推動的還有建造月球軌道平台「月球門戶」的計畫。相關物資將由SpaceX負責發射升空。

I 美國　公理太空公司
發射ISS的商用模組。

J 美國　NASA
2018年升空的太陽探測器「派克號（Parker Solar Probe）」將到達最接近太陽的距離。

F SpaceX
將運用「星艦」進行包含日本人乘客的包機旅行。

約10人左右的乘客將繞著月球軌道旅行6天。

G JAXA、CNES、DLR
發射火星探測器、返回器「MMX」

JAXA CNES DLR

「MMX」的任務是登陸火衛一或火衛二，並採集地表樣本帶回地球。若此任務成功的話，將是人類第一次取得火星系統的物質樣本。預期此任務有助於發展往返地球和火星的航行技術、先進採樣技術、深空通訊技術等未來探勘行星不可或缺的技術。

公理太空公司
在ISS上建造自家公司的商用模組

H NASA ESA JAXA
月球軌道平台「月球門戶」
以美國為中心，跟日本、歐洲、加拿大等國合作建造的太空站。此太空站將成為往來月球、建造月面基地、以及載人火星旅行的基地。

「阿提米絲計畫」重啟
2019年開始的「阿提米絲計畫」的目標是送人類抵達火星。其第一步是再次讓太空人登陸月球，以及在月球軌道上建立太空站平台。

J NASA
2018年8月12日發射的NASA太陽探測器「派克號」將闖入日冕，接近至只有8.5倍太陽半徑的距離。

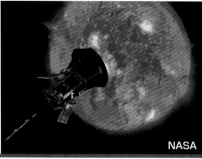

NASA

🚀 日本獨立開發的探測器也將前往月球

　　扮演日本太空發展中心角色的是國立研究機構JAXA（宇宙航空研究開發機構）。JAXA預定要在2022年發射獨立研發的小型月面登陸實驗機「SLIM」。目標是精準地降落在設定好的地點，實現低誤差的高精度登陸。

　　另外，日本的太空新創企業ispace公司也計劃在2022年登陸月球我。這是日本首個民間月球探測計畫「HAKUTO-R」的第一個任務，而隔年的第二個任務預定為月面探勘。

國際合作在月球軌道上建造太空站

2025
A 日本、法國、德國
火星探測器「MMX」抵達火星

2026
B 美國　NASA
土星探測計畫「新疆界計畫
（New Frontiers Program）」。
預計發射探測器「蜻蜓號」。

〈18~19歲〉

2027
C ESA、加拿大、日本
月球探測計畫「HERACLES」
啟動。日本負責開發登陸器本
體。

〈20歲〉

2028
D 美國　NASA
月球軌道平台「月球門戶」預計
完工。

E 美國　NASA
經由月球軌道平台「月球門
戶」，2名太空人將久違59年登
陸月球。

〈21歲〉

JAXA·CNES·DLR A
「MMX」到達火星
用1年的時間抵達火星衛星，
再花3年時間繞行觀測，並進
行數次登陸。

J 畢格羅宇航公司的民間商用太空站（太
空飯店）升空。
BIGELOW AEROSPACE

畢格羅的太空飯店將採充氣
式。發射時體積很小，但到
達太空後可以大幅展開，提
供舒適的居住空間。

**JAXA
CNES
DLR G**

5年後「MMX」將帶著10
公克以上的樣本返回地球。
此樣本將是了解火星型衛星
起源的寶貴材料。

地球

「月球門戶」完工 D
建造在月球軌道上的月球門戶太空站有
多種角色：作為月球和地球的中繼基
地，同時具有通訊中繼站、通往月球的
發射據點、用實驗艙提供科學觀測和實
驗空間、以及載人火星旅行的基地等功
能。同時還是將來建造月面基地的中繼
基地。

B
土衛六探測器「蜻蜓號」
升空
土衛六的環境類似早期地
球。或可在此找到地球生
命起源的線索。

NASA

9年後的2035年，
「蜻蜓號」到達土
衛六。之後再花2
年8個月的時間派
無人探測器飛向土
衛六，持續探測環
境。

**NASA
ESA
JAXA**

🚀 探測月球的據點「月球門戶」

由NASA主導的「阿提米絲計畫」的其
中一個重點項目，就是在月球軌道上建造名
為「月球門戶」的太空站。這座太空站預計
將成為地球和月球的中繼基地，繼而成為前
往火星的跳板基地。

跟國際太空站（ISS）一樣，月球門戶

預定將由國際合作建造，日本的JAXA將跟
NASA和歐洲太空總署（ESA）合作，負責
建造國際居住艙的部分。

按照原定計畫，首先將在2024年送男
女各2名太空人登陸月球，並同時開始建造
月球門戶，然而目前基於某些原因可能會延
期。但不論如何，一旦月球門戶完工，月球
探勘的進度無疑會大幅向前推進。

登陸月球後就是
正式的月球探勘工作

2025~2029

F 中國
預計將用載人登月艇「嫦娥」送太空人登陸月球。

2029

G 日本、法國、德國
火星探測器「MMX」返回地球，帶回各種樣本。

〈22歲〉

H 日本　TOYOTA、JAXA
月球探測用載人加壓探測車抵達月球。

I 俄羅斯、中國
開始共同在月球軌道或月面上建造基地。

J 美國　畢格羅宇航（Bigelow Aerospace）公司
在月球軌道上建造太空飯店，開始營業。

K 美國　NASA
開始測試讓星艦從月球軌道平台「月球門戶」出發航向火星。

F **中國**
將用「嫦娥計畫」對抗美國，派太空人登陸月球。

H **TOYOTA、JAXA**
將載人加壓月球探測車送往月面
日本TOYOTA將負責開發國際載人月面探勘不可獲缺的大型加壓探測車，交由JAXA提供。該探測車將以氫燃料電池驅動，可供2名太空人駐留在月球進行探勘活動。

TOYOTA JAXA

火星

土星

2名太空人到達月球表面
預定使用SpaceX公司的星艦作為登陸船。

到達後將開始運送補給物資，在月面建立活動據點。

SpaceX

中國、俄羅斯開始共同建造月面基地。

月

SpaceX

K
SpaceX的「星艦」被選為載人火星探勘用的太空船，將開始試飛。
星艦可運載100噸的貨物或100名乘客。SpaceX計畫將用該型太空船進行前往火星的旅行。

E 太空人再次登陸月球

ESA CSA JAXA

C
大型無人登月艇「HERACLES」登陸月面

為驗證載人登月技術而建立的「HERACLES」計畫。該計畫由日本JAXA負責開發登陸器本體，加拿大太空總署開發探測車，ESA開發離陸器。探測車會將採集到的樣本帶回月球門戶。

　　現在各國都為建造月球門戶和載人登月計畫而展開無人登月器的驗證實驗。而在登月實驗結束後，下個階段就是為載人月面探勘熱身的無人月面探測。

　　ESA、加拿大太空總署（CSA）、日本的JAXA共同推動了「HERACLES計畫」。而該計畫的內容，就是利用無人月球探測車（rover）採集月面樣本帶回月球門戶，再用

載人太空船加以回收，預計將在2026年時發射升空。

月球之後是火星
人類終於要登陸火星

2030

A 日本　JAXA
日本太空人首次登陸月球。

B 美國　NASA
「阿提米絲計畫」朝火星前
進。

〈23歲〉

C ESA、NASA、JAXA
木星探測器「JUICE」到達木星系
統。

D 中國　CNSA
可從地表飛入地球軌道的「太空飛
機」問世。

E 公理太空公司等ISS的民用活動
正規化。

2031

F 美國　NASA
火星無人探測器「毅力號」將火
星樣本帶回地球。

G ESA、NASA、JAXA
木星探測器「JUICE」展開探測
活動。

〈24歲〉

B NASA

**NASA「阿提米絲計畫」
終於邁向火星**
NASA署長吉姆·布萊登斯坦已
宣布將在2033年前實現載人火
星探測。

A 日本太空人
終於站上月球!!
日本將積極協助美國的「阿
提米絲計畫」，成為月球軌
道上的「月球門戶」的主要
營運、活動成員。當然，此
過程中也有在月面活動的機
會。

JAXA

J 提供：JAXA

JAXA在月面建造燃料工廠
在月球建造可從存在於南極附近的
水中提煉火箭用氫燃料的設施。如
果能在月球製造燃料，就不需要從
地球運送。

D 中國版太空梭將
在太空站和地球
之間往來。

K 中國、俄羅斯
的月球共同基
地完工。

AXIOM SPACE

E ISS的民用活動正規化
公理太空公司的太空飯店
活用ISS，增加新的自有模組，
用於太空觀光。

NASA
NASA選定SpaceX的
「星艦」負責「月球門
戶」和月球之間的物資
運送工作。

SpaceX

🚀 正規化的火星探索

在月球之後，人類的下個目標就是被認
為過去可能存在生命的火星。到了2030年
代，正規的火星探索活動將正式啟動。

火星的無人探測過去已進行過很多次，
且都成功將照片和觀測資料傳回地球；而下
一步則是將樣本（岩石等研究材料）帶回

地球。而負責挑戰這項課題的，是由NASA
和歐洲太空總署（ESA）聯手組成的「火
星樣本取回任務」計畫。2021年登陸火星
的NASA探測器「毅力號」會蒐集樣本，而
ESA的探測車負責回收樣本。預計將在2031
年將樣本送回地球。

NASA阿提米絲計畫的最終目標是在
2033年前送人類前往火星，若樣本取回任務

挑戰回收火星樣本和
載人登陸火星

2030~2035

2033

H 美國　NASA

人類首次到達火星。開始建設火星基地。

〈26歲〉

2034

I 美國　NASA

土星探測器「蜻蜓號」登陸土衛六。

〈27歲〉

2035

J 日本　JAXA

建造以月球的水為原料的火箭燃料工廠。

K 中國、俄羅斯

中俄合作的月面基地完工。

〈28歲〉

I NASA

「蜻蜓號」到達土衛六

土衛六是太陽系中唯一存在大氣層的衛星，預計將花 2 年 8 個月的時間探測。

H NASA

人類首次降落火星

從地球前往火星預計將花 7 個月。太空人到達火星後將停留 15 個月，等待下次地球與火星的距離再次靠近。期間為了在火星上生存，必須預先學習居住、醫療、飲食、能源等相關知識。

最初的基地將用小型圓頂模組建造。

ESA JAXA NASA

C ESA、NASA、JAXA 合作的「JUICE」到達木星系統

G 「JUICE」展開探測活動

F NASA

「毅力號」的火星樣本回到地球

ESA 派遣的回收用探測車將回收「毅力號」蒐集到的火星樣本，搭乘返回器回到地球，帶回史上首批火星樣本。

成功的話，這項計畫將往前邁進一大步。

也將到達木星和土星的衛星

2030 年代人類的目標不只有火星而已。

由 ESA 主持，日本和美國都有參加的國際木星冰月探測計畫「JUICE」也預計將在 2030 年左右到達木星系統，展開探測活動。

另外，NASA 的無人探測機「蜻蜓號」也預計將在 2030 年代中期抵達可能和地球有著相似環境的土衛六。

太空旅行伸手可及
移居火星也不再是夢!?

E 大林組
太空電梯開始運作

日本的建設公司大林組提出的計畫。概念是使用目前人類能創造的最強物質「碳奈米管」，從地球同步軌道降下一條纜線當作電梯軌道，像坐電梯那樣前往太空。

2040年代

A NASA、ESA 合作擴大火星的活動據點

B 俄羅斯、中國、NASA 打造用核能驅動的行星際火箭引擎。

C 地球軌道上的太陽能發電廠開始運作。

太空旅行的費用大幅降低

F 太空觀光成為庶民大眾的娛樂

太空電梯可以輕鬆把人運送到同步軌道，讓成本大幅降低。太空旅行的費用將至百萬元的時代將會來臨。

C 太空太陽能發電廠開始運轉

在地球的衛星軌道上建立太陽能發電設施，然後把電力轉換成微波或雷射光發射至地面的接收站，再次轉換回電力。如此一來地球上就有 365 天全日無休的無限電力可用。

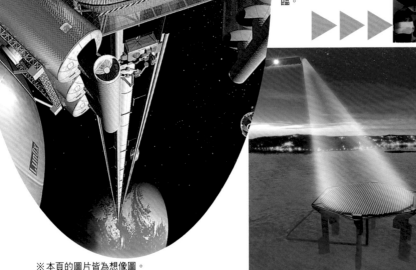

※ 本頁的圖片皆為想像圖。

🚀 太空旅行將變得更親民

上面的插圖是人類對 2040 年代以後的太空發展進度想像。未來的人類究竟能多接近宇宙呢？

到了 21 世紀後半葉，也許太空旅行將不再是夢想。隨著更多玩家進入市場和火箭重複使用技術的進步，相信太空旅行的費用將會下降，讓一般人也能體驗到太空旅行的樂趣。

說不定到時連接太空與地表的夢幻載具——太空電梯也將進入實用階段。所謂的太空電梯，就是一條從地表連到太空的纜繩，可讓升降器如電梯般在纜繩上移動，運送人或物資。若太空電梯能夠成真，人類就能用比火箭更便宜、安全的方式前往太空。

2040~2100

2050年代

D 美國　SpaceX公司
開始運送第一批移民，以建造火星都市。

E 日本　大林組
太空電梯進入實用階段。

F 地球軌道上出現各種民用設施。同時，針對一般消費者的太空旅行大受歡迎。

2100年代左右

G 美國　SpaceX公司
在火星建造1萬人規模的都市。

H 阿拉伯聯合大公國（UAE）
在2117年前建立火星都市

2050年代會是月球和火星的宇宙殖民時代嗎

D SpaceX
在火星建立新的人類社會

SpaceX公司的伊隆·馬斯克提出要在2050年代移民火星的計畫。他主張為迴避地球環境破壞、戰爭、疾病等人類危機，應該在火星建立可獨立運作的社會，當作地球文明的避難所。

B 俄羅斯、中國、NASA
核能引擎實用化

想實現行星際甚至恆星際旅行，靠現在的化學火箭引擎是辦不到的。目前各國正在開發用核能推進的火箭引擎。也許2040年就能實用化。

A NASA　ESA
NASA、ESA等機構合作，試圖擴大在火星的活動據點。

G 火星都市的想像圖

SpaceX

🚀 22世紀將是太空移民的時代？

在太空旅行之後，人類的下個目標就是殖民宇宙。美國SpaceX公司的老闆馬斯克已公布了他雄壯的火星移民計劃；阿拉伯聯合大公國也計畫在2117年前建立火星都市，送去移民。

要實現宇宙殖民的夢想，就必須在太空建立跟地球相同的環境，而以NASA為首的各國太空總署和民間太空公司都在設法解決這個問題。究竟當22世紀到來時，人類能否成功移民月球或火星呢？

全球的宇宙相關組織、企業
其中之一或許就是你未來工作的地方

世界主要國家的航太機構

NASA　美國太空總署
（National Aeronautics and Space Administration）
策劃過水星計畫、雙子座計畫、阿波羅計畫，長期領導人類太空發展的美國政府機構。現正執行阿提米絲計畫，目標是登上月球和火星。

Roscosmos　俄羅斯航太（Роскосмос）
前蘇聯解體後，1992年俄羅斯太空局成立。後經改組成為現在的俄羅斯航太公司。在月球探勘基地計畫中與中國合作。

CNSA　中國國家航天局
中國負責航太活動的國家組織。軍事開發和發射中心的管理等工作則由人民解放軍管轄。

JAXA　國立研究開發法人宇宙航空研究開發機構
2003年由宇宙科學研究所、航空宇宙技術研究所、宇宙開發事業團合併而成。在火箭開發、人造衛星、以及無人宇宙探索等領域對全球的宇宙研究有所貢獻。擁有調布、筑波、種子島等10多個設施。

ESA　歐洲太空總署（European Space Agency）
前身是歐洲發射裝置發展組織。1975年ESA成立。現在是由22加盟國組成的歐州航太機構。加拿大也以準成員國的身分參與其中。總部設於巴黎。與亞利安太空公司合作，提供商業發射服務。

ISRO　印度太空研究組織
（Indian Space Research Organization）
第一任署長是印度的太空發展之父維克拉姆‧薩拉巴伊。現致力於月球、火星、金星等行星的探索任務。開發了PSLV、GSLV等主力火箭。

CSA　加拿大太空總署（Canadian Space Agency）
加拿大的航太機構。與NASA和歐洲太空總署有密切合作。ISS上使用的機器人手臂就是由CSA獨立研發的。

UAESA　阿聯國家航空暨太空總署
（United Arab Emirates Space Agency）
2014年成立的阿拉伯聯合大公國航太研究機構。在阿聯航空火星任務中成功將觀測衛星發射到火星軌道上。

CNES　法國國家太空研究中心
（Centre National d'Études Spatiales）
法國負責航太發展與研究的政府機構。是歐洲太空總署（ESA）的核心貢獻者。

DLR　德國航空太空中心
（Deutsches Zentrum für Luft- und Raumfahrt）
德國負責航空技術和太空發展的政府機構。與法國一同扮演ESA的領頭羊角色，也有跟JAXA進行共同研究。總部在科隆。

全球與太空相關的民間企業

提供火箭製造、發射服務

★大型火箭製造商

【美國】

洛克希德‧馬丁
美國的老牌航空、航太製造商。製造了「擎天神」火箭和「獵戶座」太空船等產品。

波音
世界最大的航天航空器研發公司。開發有軍事和商用的火箭。現負責阿提米絲計畫用的火箭「太空發射系統」的研發製造。

SpaceX
伊隆‧馬斯克成立的航太開發商，提供火箭發射服務。開發了「獵鷹9號」火箭，同時正在研發史上最大型的發射系統「星艦」和「超重型（Super Heavy）」下級火箭。製造了「載人飛龍號」太空船，並提供到國際太空站的運輸服務。

Aerojet洛克達因
美國第一的老牌火箭引擎製造商。開發了阿波羅計畫使用的「農神5號」和「太空梭」、「太空發射系統」等火箭的引擎。

聯合發射聯盟（ULA）
洛克希德‧馬丁和波音的發射部門合併而成的發射服務公司。使用了兩家公司製造的「擎天神5號」、「三角洲4號」、「火神（Vulcan）」火箭。

藍色起源
由Amazon創辦人傑夫‧貝佐斯成立。開發了超大型火箭「新雪帕德號」和登月器。

人造衛星製造、運用、服務相關企業

〈人造衛星開發、製造企業〉
★大型衛星開發、製造

【美國】

洛克希德‧馬丁
製造將人造衛星基本功能標準化的通用衛星平台（Satellite bus）系列。

波音
製造早期預警衛星、GPS衛星、通訊衛星等。

Space Systems/Loral
開發了世界最早的通訊衛星「Courier 1B」。

【歐洲】

空中巴士國防與太空
製造放置在同步軌道的通訊衛星等產品。

泰雷茲阿萊尼亞航太公司（Thales Alenia Space）
從通訊衛星到探測衛星都有製造的航太綜合開發商。

【日本】

三菱電機
製造了太陽觀測衛星「日出號」和準天頂衛星系統「引路號」等許多觀測衛星。

NEC
製造了氣候變遷觀測衛星「色彩」、同步軌道衛星「向日葵」等許多衛星。

★小型衛星開發、製造
【美國】

York Space Systems
開發了使小型衛星得以大量生產的獨特衛星平台。

雷神技術公司（Raytheon Technologies）
涉足人造衛星研發的巨型軍事企業。旗下有知名的航空引擎開發商普萊特和惠特尼公司。

【英國】

Surrey Satellite Technology
開發小型衛星和太空垃圾清除衛星。

【俄羅斯】
GKNPTs Khrunichev 開發了「Proton」、「Angara」火箭。
NPO Energomash 開發了「聯盟號飛船」的引擎。

【中國】
中國航天科技集團有限公司（CASC）
1999年從中國國家航天局獨立出來的中國國有企業。旗下的研究所和公司負責開發製造火箭、太空船、衛星、飛彈等產品，由CASC統合管理。

【日本】
三菱重工業
日本火箭開發的統合製造商。

火箭元件的主要企業
IHI、IHI AEROSPACE、川崎重工、日本航空電子工業、NEC Space Technologies、三菱Precision。

【歐洲】
空中巴士國防與太空
發射亞利安火箭的專門公司。靠著亞利安4號火箭的商業發射取得成功。也替人發射聯盟號火箭。

【印度】
過去由印度太空研究組織負責全部開發工作，但近年開始有Agnikul Cosmos、Slyroot Aerospace、Vesta Space Technology等新企業加入。

【丹麥】
GomSpace
開發與販賣超小型衛星系統。

【日本】
佳能電子
販賣運用佳能光學技術的超小型衛星。

Axelspace
販賣超小型衛星並提供地球遙測服務。

★**提供衛星零件的主要企業**
Honeywell、Raytheon Sodern、ThrustMe、MDA（Maxar Technologies）
Berlin Space Technologies、日本飛行機公司、IHI AEROSPACE、多摩川精機

★**衛星地上運用系統企業**
L3、Kratos Defence and Security Solutions、NEC

★**通訊服務的主要企業**
SoftBank、KDDI、Globalstar、EchoStar、Intelsat S.A.、BeepTool、MEASAT

★**通訊衛星星系相關企業**
Intelsat、SpaceX、O3b、Orbcomm、Amazon、完美天空JSAT、OneWeb、Eutelsat

★**衛星圖像資料服務**
Orbital Insight、Descartes Labs、SpaceKnow、Ursa Space Systems、Maxar、日立電力解決方案、JSI、e-GEOS、Geocento

★**定位資訊提供業者**
Caterpillar、小松製作所、久保田株式會社、野馬控股、日立造船、Magellan Systems

★**遙測**
Orbital Insight、CapeAnalytics、Descartes Labs、SpaceKnow、TellusLabs、Ursa Space Systems、Rezatec、RS Metrics、Bird.i、ESRI、RESTEC、PASCO、天地人

★**小型火箭製造、供應商**

【美國】
火箭實驗室（Rocket Lab）
經營用小型火箭「Electron」替客戶發射衛星的事業。運用3D列印技術開發了低成本的火箭引擎。

維珍軌道
隸屬理查‧布蘭森領導的維珍集團，用小型火箭「發射者一號」替客戶射衛星。「發射者一號」是掛載在飛機機翼下從空中發射的。

【中國】
零壹空間
2015年成立的新創公司。成功發射了「OS-X」火箭後，正加速開發小型火箭。

星際榮耀
開發了由3段固體燃料火箭和1段液體燃料火箭組成的「雙曲線一號S」，目標是成功發射衛星。

ExPace
中國航天科工集團所設立的新創公司，成功開發了固體動力火箭「快舟」。

藍箭航天
源自清華大學的航太新創。正在開發使用液體燃料的中型火箭「朱雀2號」。

【日本】
星際科技
新創創業家堀江貴文成立的小型火箭研發新創。開發並成功發射了低軌道火箭「MOMO」。

宇宙探索、太空生活、觀光相關企業

宇宙探索
Planetary Resources、Deep Space Industries、ispace、株式會社Dymon

太空食品相關
UTC Aerospace systems、Honeywell Aerospace、Argotec、Goldwin、Euglena

太空旅行
維珍銀河、藍色起源、PD AeroSpace、HIS、ANA控股

太空飯店
公理太空、畢格羅宇航、Orbital Assembly

日本的各種航太相關企業
豐田汽車、大林組、SUBARU、PERSOL R&D、三國公司、伊格爾工業、住友精密工業、中菱工程、TAMADIC、IHI Jet Service、多摩川精機、宇宙技術開發、竹田設計工業、株式會社CRE、第一系統工程、Ryoei Technica、旭金屬工業、AES、Sangikyo EOS、MITSU精機、有人宇宙系統、寺內製作所、高千穗電氣、菱計裝、玉川工業、株式會社Amil、HIREC

★**農園管理、生育資訊**
Planet、FarmShots、Dacom、Satellogic、Astro Digital、eLEAF、珈和科技、日立電力解決方案、VisionTech、Farmship、At Vision、青森縣產業技術中心

★**地圖資訊相關企業**
UrtheCast、株式會社善鄰、arbonaut、AABSyS、日立電力解決方案、宇部興產顧問公司、AdIn研究所、PASCO

★**天氣預報相關企業**
GeoOptics、Spire、PlanetOS、Tempus Global Data、IBM、株式會社Weather Map、氣象新聞公司

閱讀本書前需要知道的
宇宙相關基本詞彙

宇宙
包含各種天體的廣大空間。距離地表約 100 公里以上的空間又稱太空。

太空站
位於地球軌道上的太空，專門設計成可供人類生活的設施。被用於進行各種實驗、研究或觀測。

太空船
在太空飛行的人造飛行器。大多特指具有載人功能者。

宇宙射線
又叫「宇宙線」。來自外太空的高能量輻射。

衛星
環繞行星的天體。雖然地球的衛星只有月球一個，但有很多行星擁有多個衛星。

重量
作用於物質的重力大小。會隨不同重力環境而改變。

軌道
天體運行的路徑。

星系
無數恆星和星際物質的群集。

銀河系
太陽系所屬的星系。古時候又稱作「天河」。

恆星
靠核融合反應主動發光的天體。太陽就是一個恆星。

公轉
一個天體繞著另一個天體轉。例如地球繞著太陽公轉。

公轉週期
一個天體繞另一個天體轉一圈所花的時間。地球的公轉週期約為 365 天又 6 小時。

光年
光行進一年的距離。約等於 9 兆 5000 億公里。

質量
物質的物理量。在任何重力環境下都不會改變。

自轉
天體以軸為中心旋轉。

自轉週期
天體以自轉軸為中心旋轉一圈所花的時間。地球的自轉週期約等於 23 小時又 56 分鐘。

磁場
磁力作用的空間。

星球軌道
人造衛星或其他天體環繞恆星或行星等天體時的路徑。

重力
具有質量的2個物體互相吸引的力。又叫引力。

矮行星
環繞恆星的天體中未能清除鄰近軌道上其他小天體者。冥王星、鬩神星屬之。

人造衛星
從地球用火箭發射上天，繞著地球等天體運行的人造物。世上最早的人造衛星是1957年蘇聯發射的「史潑尼克1號」。

大氣
行星、衛星、恆星等天體表層的氣體層。

太陽系
以太陽為中心的天體集合。包含地球在內共有8顆行星。

暗能量
加速宇宙膨脹的未知能量。

暗物質
充斥於宇宙，具有質量，但眼睛看不見，無法觀測的物質。

探測器
調查地球之外的天體或外太空的機器。人類搭乘者稱為「載人探測器」，純由機器組成者稱為「無人探測器」。

探測車（Rover）
在地球以外的天體表面移動、調查的載具。大多不載人，由自動或遠程操作移動。美國的「阿波羅計畫」中使用的月面探測車是由人類操縱的。

登陸器（Lander）
可在天體表面登陸的機器。又叫登陸船。

天體
宇宙中的物體。除太陽、月亮、地球等星球外，還有星雲、星團等。

天文單位（au）
太陽和地球的平均距離，1 au約莫等於1億4960萬公里，表示太陽系內距離的單位。

發射場
發射火箭的設施。日文又簡稱「射場」。美國的甘迺迪太空中心和日本的種子島宇宙中心皆屬之。

大霹靂
宇宙起源的大爆發事件。推測發生在約138億年前。

黑洞
因重力太大，使得所有物質和光都無法逃脫的天體。

模組艙
太空站的組成元素。可以單獨運作，也可以互相替換。

載人太空旅行
人類搭乘太空船在外太空飛行。1961年尤里·加加林搭乘蘇聯太空船「東方1號」繞行地球一圈，是最早的載人太空旅行。

行星
環繞恆星運行的天體。地球也是環繞太陽的行星之一。

Part 2

離開地球前往宇宙

①

幾乎不存在空氣
從高空100公里處開始就是太空

🚀 天空的另一邊是廣袤的宇宙

萊特兄弟成功駕駛飛機升空至離地數十公尺的高度，是距今約120年前的事。58年後，一位名叫加加林的青年搭乘火箭，成為首個踏入太空的人類。

為前往太空，人類一直在尋找擺脫大氣壓力和地球重力的方法。最後，人類發現在來到約100公里的高空後，包裹地球的大氣就不復存在，地球吸引物體的引力也變得微弱。因此國際航空聯盟將100公里以上的高空定義為太空，設了一條名為「卡門線」的虛擬分界線。不過，美國聯邦航空總署對太空的定義是海拔80公里以上。

無論如何，一旦爬升到80～100公里左右的高空，地球大氣這層生命的保護膜就會破裂，使我們直接暴露在充滿宇宙射線的太空中。

在空氣清澈的秋夜抬頭仰望，將有機會看到國際太空站（ISS）的微小橘光從天空橫越而過。ISS的飛行高度大約是海拔400公里。而通訊衛星和氣象衛星的高度還要更高，在海拔3萬6000公里的軌道上繞轉。

廣播衛星 BSAT

3萬6000km

高地球軌道（HEO）
高度超過3萬6000公里的軌道。人造衛星在3萬6000公里的高度航行時，繞行週期會剛好等於地球的自轉週期。因此這個軌道被命名為「同步軌道」。

中地球軌道（MEO）
離地2000公里至高地球軌道之間的區域叫做中地球軌道，在這個範圍繞行的衛星稱為中軌道衛星。

外氣層

2000km **低地球軌道（LEO）**
離地2000公里以下的繞行軌道。國際太空站等設施所在的軌道。

**氣候變遷觀測衛星
色彩號（Shikisai）**

在海拔約800公里的軌道繞行的氣候變遷觀測衛星，其目的是觀測地球的氣候系統，提高地球升溫速度的測精準度。衛星上搭載了精度的「多波長光學放計」，可測量空中的氣膠對日照量的影響和植物的氧化碳吸收能力等等，進各種觀測。

**地球觀測衛星
遙測**

600km

500km

400km

增溫層

300km

200km 超低軌道

極光

100km 卡門線 此線之上就是太空

80km

中氣層

流星

50km

平流層

探空氣球

10km 喜馬拉雅山 8,611m

對流層

0km

JAXA的「引路號」衛星位在日本上空，從地表上看是8字形的方式飛行。這是因為「引路號」是以橢圓形軌跡繞行地球。該衛星離地球最近時的高度是3萬2000公里，最遠時是4萬公里。

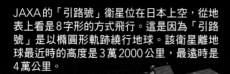

到月亮的距離是**34萬公里**

導航衛星
引路號（Michibiki）

氣象觀測衛星
向日葵（Himawari）

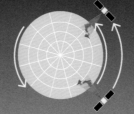

月球位於此海拔高度的
10倍
距離

通訊衛星
兒玉號（Kodama）
赤道面上方約36,000公里的圓形軌道稱為「靜止軌道」，在軌道上航行的衛星叫做「靜止衛星」。從地面觀測者看來，這樣的衛星就像是固定在空中的一個小點。

通訊衛星和氣象觀測衛星等「同步衛星」永遠覆蓋地球上的同一塊區域。因此可用單一人造衛星對特定區域進行穩定通訊，或者長時間監測同一片地區的氣象。

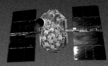

GPS衛星

衛星星系

小型衛星

與其他軌道相比，將衛星推上此軌道所需的能量較少，運轉成本也比較低，所以近年軌道上的衛星急速增加。例如用由大量小型通訊衛星排成一列的衛星星系來提供網路的服務日益發達。

哈伯太空望遠鏡在這個軌道上
540km

國際太空站（ISS）位於400公里的軌道

超低軌道技術試驗衛星
燕子號（Tsubame）

低軌道存在少許大氣，人造衛星會遇到空氣阻力，很難維持高度。JAXA「燕子號」成功在海拔167公里的超低軌道上停留一星期左右，創下金氏世界紀錄。

**此線以上
是太空!!**

新的民間航太新創公司正競尋找用更便宜簡單的手段突破這條海拔100公里的太空界線。

突破
100公里吧

噴射客機的
巡航高度

詳情請見下一頁

體驗太空的第一步
就是前往100公里的高空

🚀 數分鐘的太空體驗

2021年7月，發生了兩件可謂讓太空旅行從科幻故事朝現實邁出第一步的大事件。

7月12日，英國維珍銀河公司獨立研發太空船「太空船2號」載著該公司的創辦人理查·布蘭森和其他5名成員飛上海拔85公里的太空，並平安歸還。

緊接著8天後的7月20日，美國藍色起源公司研發的「新雪帕德號」也把該公司的創辦人傑夫·貝佐斯送上了海拔100公里的太空。

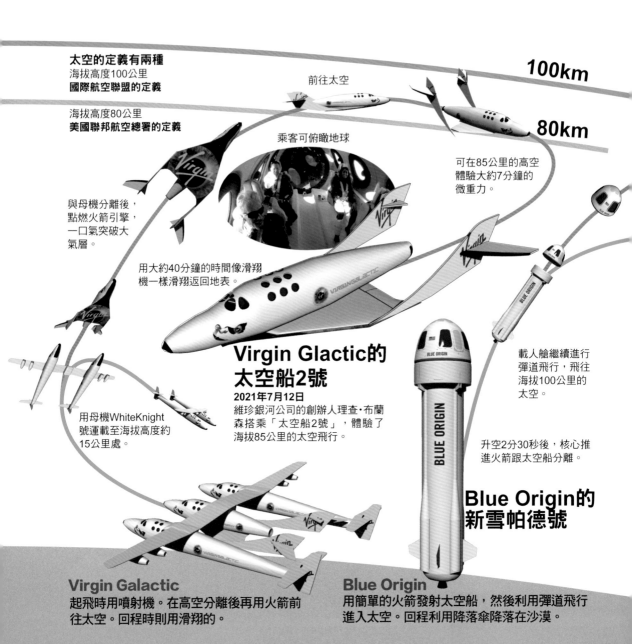

太空的定義有兩種
海拔高度100公里
國際航空聯盟的定義

海拔高度80公里
美國聯邦航空總署的定義

100km

前往太空

80km

可在85公里的高空體驗大約7分鐘的微重力。

乘客可俯瞰地球

與母機分離後，點燃火箭引擎，一口氣突破大氣層。

用大約40分鐘的時間像滑翔機一樣滑翔返回地表。

Virgin Glactic的太空船2號
2021年7月12日
維珍銀河公司的創辦人理查·布蘭森搭乘「太空船2號」，體驗了海拔85公里的太空飛行。

用母機WhiteKnight號運載至海拔高度約15公里處。

載人艙繼續進行彈道飛行，飛往海拔100公里的太空。

升空2分30秒後，核心推進火箭跟太空船分離。

Blue Origin的新雪帕德號

Virgin Galactic
起飛時用噴射機。在高空分離後再用火箭前往太空。回程時則用滑翔的。

Blue Origin
用簡單的火箭發射太空船，然後利用彈道飛行進入太空。回程利用降落傘降落在沙漠。

這兩人長年以來都是競爭對手，搶著要成為第一個實現民間太空旅行的公司。貝佐斯嘲諷搶先一步的布蘭森，認為海拔85公里不算是嚴格定義的太空，飛過100公里高空的自己才是公認的第一個平民太空人。這也是兩人競爭心態浮上檯面的原因。

然而，這兩人想實現的太空旅行其實被稱為「次軌道太空飛行」，都不算是正規的太空飛行。如下圖可見，他們只在太空停留了短短幾分鐘，然後就被地球引力拉回下墜。即便如此，這兩人的努力仍讓平民老百姓稍微窺見了太空的入口，並打開了太空旅行的大門。

要想對抗地球引力，在地球軌道上持續繞行，就需要使用更強力的火箭，用秒速7.9公里的超高速度飛向天空。所以下一節就讓我們來看看火箭的結構吧。

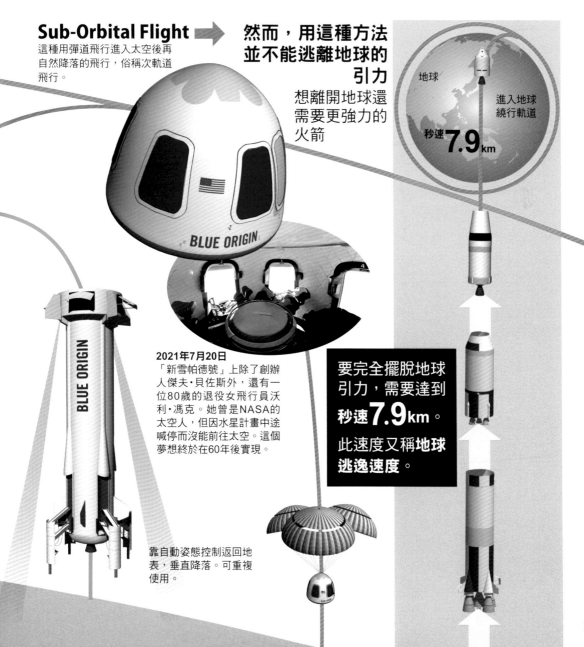

Sub-Orbital Flight ➡

這種用彈道飛行進入太空後再自然降落的飛行，俗稱次軌道飛行。

然而，用這種方法並不能逃離地球的引力

想離開地球還需要更強力的火箭

地球

進入地球繞行軌道

秒速 **7.9** km

2021年7月20日
「新雪帕德號」上除了創辦人傑夫·貝佐斯外，還有一位80歲的退役女飛行員沃利·馮克。她曾是NASA的太空人，但因水星計畫中途喊停而沒能前往太空。這個夢想終於在60年後實現。

要完全擺脫地球引力，需要達到秒速**7.9**km。此速度又稱**地球逸速度**。

靠自動姿態控制返回地表，垂直降落。可重複使用。

讓笨重的火箭飛上天
擺脫地球引力的原理

🚀 火箭的推進力和重量

　　把氣球充滿氣後放開手，氣球會猛力飛出去。因為氣球洩氣時的反作用力會產生反方向的推進力。而發射火箭利用的也是同一個原理。但火箭不同於氣球，重量非常重，得靠點燃燃料產生的爆炸來獲得強大推進力。

　　要獲得足以上升到脫離地球引力圈的強大推進力，就需要與推力成正比的燃料量。然而燃料量愈多，重量就愈重，反而會使火箭的速度變慢。因此在開發火箭時，必須尋找能讓推進力和重量維持最佳平衡的大小和形態。

　　一如p24～p25的圖片所示，地球有很多條可繞行的軌道，而前往不同軌道所用的火箭種類也不一樣。要把幾公斤重的小型衛星射上海拔500公里的低軌道，通常使用裝載固體燃料，全長20公尺左右的小型火箭。另一方面，日本JAXA研發的次世代主力火箭H3雖然能將超過6公噸的乘載物射上3萬6000公里的同步軌道，卻也讓它變成全長高達63公尺的龐然大物。

　　另外，火箭還要挑選發射地。為了利用地球的自轉提高火箭的發射速度，發射地最好盡量接近赤道，然後朝正東方發射。火箭升空後會釋放人造衛星，只要衛星抵達離心力和地球引力正好相等的平衡點，就能持續繞著地球飛行。

1 所謂的軌道就是引力和離心力達成平衡的點

地球繞行軌道
海拔200公里以上的
超低軌道仍在
地球的重力圈內。

發射後的火箭速度會隨高速而增加，最終接近秒速7.9公里。

西

2 火箭也利用地球的自轉速度

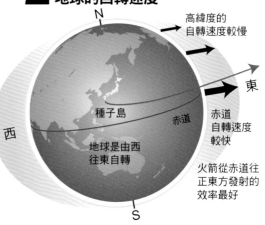

N

高緯度的自轉速度較慢

東

種子島　　赤道

西

地球是由西往東自轉

赤道自轉速度較快

火箭從赤道往正東方發射的效率最好

S

在赤道上朝正東方發射，地球的自轉速度最能幫助火箭加速。日本之所以選擇種子島作為發射場，就是為了盡量靠近赤道。

3 火箭的飛行原理是氣體膨脹噴射產生的反作用力

推進力　　爆炸

燃料以爆炸性方式燃燒，
從噴嘴噴出大量的燃燒氣體。
噴氣時的反作用力就是推進力。

火箭在沒有空氣的太空也能飛

氧化劑　　燃料

火箭除了燃料本身外，
還會攜帶含有助燃用氧氣的氧化劑。

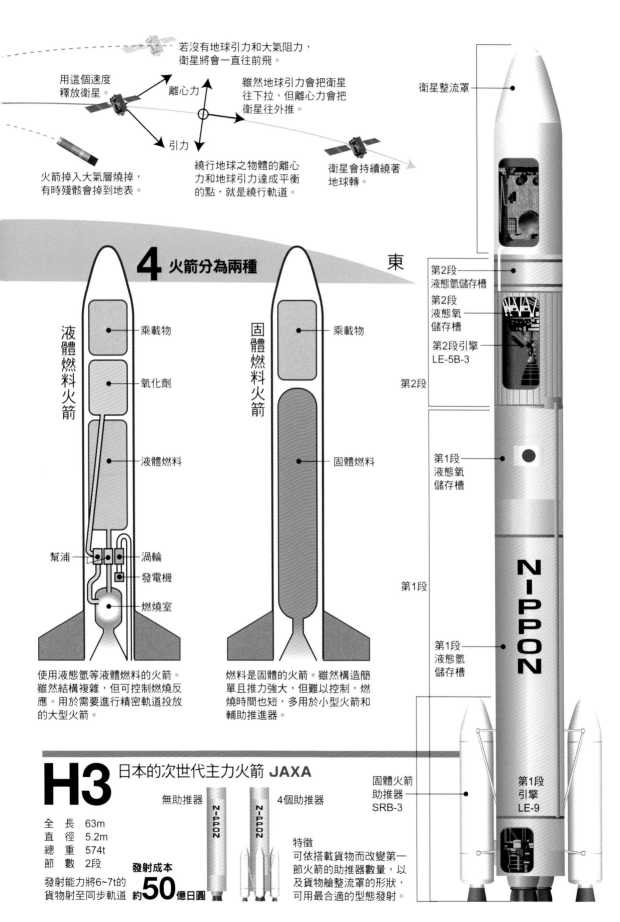

若沒有地球引力和大氣阻力，衛星將會一直往前飛。

用這個速度釋放衛星。

離心力

引力

雖然地球引力會把衛星往下拉，但離心力會把衛星往外推。

火箭掉入大氣層燒掉，有時殘骸會掉到地表。

繞行地球之物體的離心力和地球引力達成平衡的點，就是繞行軌道。

衛星會持續繞著地球轉。

衛星整流罩

4 火箭分為兩種

東

液體燃料火箭

乘載物

氧化劑

液體燃料

幫浦 — 渦輪

發電機

燃燒室

使用液態氫等液體燃料的火箭。雖然結構複雜，但可控制燃燒反應。用於需要進行精密軌道投放的大型火箭。

固體燃料火箭

乘載物

固體燃料

燃料是固體的火箭。雖然構造簡單且推力強大，但難以控制，燃燒時間也短，多用於小型火箭和輔助推進器。

第2段
液態氫儲存槽

第2段
液態氧儲存槽

第2段引擎
LE-5B-3

第2段

第1段
液態氧儲存槽

第1段

NIPPON

第1段
液態氫儲存槽

固體火箭
助推器
SRB-3

第1段
引擎
LE-9

H3 日本的次世代主力火箭 JAXA

無助推器　　　　4個助推器

全　　長　63m
直　　徑　5.2m
總　　重　574t
節　　數　2段

發射能力將6~7t的貨物射至同步軌道

發射成本
約 **50** 億日圓

特徵
可依搭載貨物而改變第一節火箭的助推器數量，以及貨物艙整流罩的形狀，可用最合適的型態發射。

次世代民間火箭靠重複使用減少太空運輸的成本

火箭也從拋棄式變成重複使用

　　美國的太空火箭圈正在發生巨大的變革。那就是重複利用過往發射一次後就丟掉的火箭，可將發射成本降至過往3分之1的重複使用型火箭之問世。

　　這項變革的契機，是NASA戰略性邀請民間企業進入過去完全由政府主導的太空發展領域。在以前，NASA都是從美國政府拿到巨額的預算，然後用這筆錢跟原本就存在合作關係的既有航太公司合作，經營太空發展事業。然而財政陷入困境的美國政府在2005年後轉換方針，開始積極培育民間的航太企業，利用這些企業的資金和經營能力來發展航太事業。

　　結果該戰略催生了以SpaceX為首的民間航太企業。SpaceX在NASA的協助下研發了第1節火箭可重複使用的獵鷹9號火箭，將國際太空站（ISS）的物資運送成本降低至原本的3分之1。順帶一提在太空梭時代，運送貨物至ISS的成本每公斤超過3000萬日圓（約680萬台幣）。而SpaceX將這個成本壓縮到每公斤1000萬日圓（約230萬台幣）。

　　如右圖所示，全球主要國家代表性的拋棄式火箭單次發射成本約為100億日圓（約23億台幣），對各國的財政造成很大負擔。如今太空火箭也迎來了資源回收的時代。

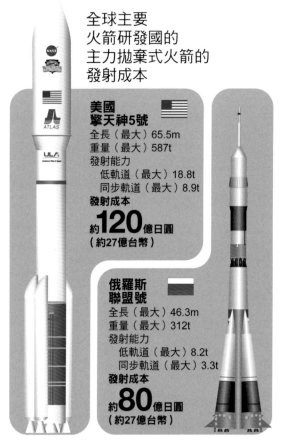

全球主要
火箭研發國的
主力拋棄式火箭的
發射成本

美國
擎天神5號
全長（最大）65.5m
重量（最大）587t
發射能力
　低軌道（最大）18.8t
　同步軌道（最大）8.9t
發射成本
約**120**億日圓
（約27億台幣）

俄羅斯
聯盟號
全長（最大）46.3m
重量（最大）312t
發射能力
　低軌道（最大）8.2t
　同步軌道（最大）3.3t
發射成本
約**80**億日圓
（約27億台幣）

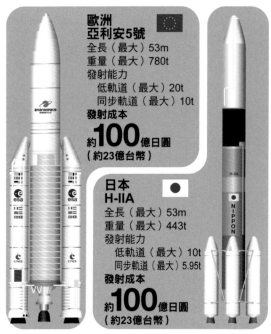

歐洲
亞利安5號
全長（最大）53m
重量（最大）780t
發射能力
　低軌道（最大）20t
　同步軌道（最大）10t
發射成本
約**100**億日圓
（約23億台幣）

日本
H-IIA
全長（最大）53m
重量（最大）443t
發射能力
　低軌道（最大）10t
　同步軌道（最大）5.95t
發射成本
約**100**億日圓
（約23億台幣）

目前已實用化的可重複使用火箭

Blue Origin
新雪帕德NS-3
藍色起源公司製造

全長　18m
直徑　3.7m

為太空觀光而開發的火箭系統。可用彈道飛行將太空船運至海拔100公里的太空。火箭可使用自動控制返回地面，太空船則靠降落傘返回地球。

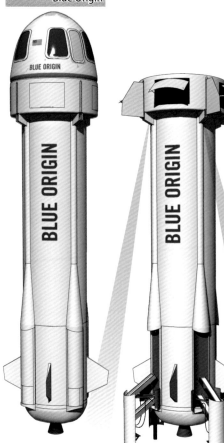

Blue Origin

SpaceX
獵鷹9號全推力版
SpaceX公司製造

全長　71m
直徑　3.66m
節數　雙節火箭

為運載大型貨物和發射載人太空船而製造。獵鷹9號系列自2010年投入實用。第1節火箭可在升空後靠自動控制返回地面回收再利用。

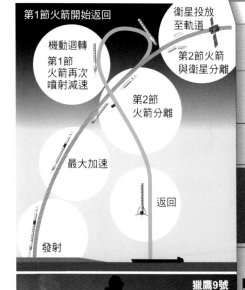

第1節火箭開始返回

機動迴轉
第1節火箭再次噴射減速

最大加速

發射

衛星投放至軌道

第2節火箭與衛星分離

第2節火箭分離

返回

獵鷹9號發射成本

30億日圓
（約7億台幣）

SpaceX

日本的JAXA也曾研發過可重複使用火箭

JAXA很早就研究過可重複使用火箭的概念，並於2003年完成首次飛行實驗。另外也曾研發過可使用100次的引擎。

可重複使用火箭實驗機
RVT-9成功在升空50公尺後用自動控制著陸。

提供 JAXA

獵鷹9號可重複使用，成為火箭發射的價格破壞者

SpaceX公司的目標是用重複使用火箭大幅降低把物資送入太空的成本。依該公司的計算，若一個火箭重複使用10次，就能把每次發射的成本降低到30億日圓（約7億台幣）左右。

繞著地球轉的最大太空基地
民用太空船首次抵達ISS

🚀 由15個國家營運的太空基地

1998年開始建造，2011年完工的國際太空站（ISS）是全球太空發展和研究的根據地。該太空站由美國、俄羅斯、日本、加拿大、以及歐洲等11個國家共同運作，有太空人長期駐留，利用微重力太空環境進行各種研究和實驗。

然而為了維持ISS運轉，NASA每年需要花費大約3500億日圓（約800億台幣）的支出。其中負擔最大的就是運輸人員和物資。以日本為例，2015年度的ISS全年總預算的399億日圓中，就有280億花在運輸物資到ISS上，其中大部分又是火箭的發射費用。

減少ISS物資運送的成本，對ISS未來的營運勢在必行。而最終解決這項問題的，乃是美國的民間公司SpaceX。NASA與該公司簽約，使用該公司的運輸服務，大幅降低運送成本。今後太空人皆使用獵鷹9號發射升空，再由同公司獨立研發的太空船載人飛龍號送到ISS上。兩者都被設計成可重複使用10次左右。

2020年11月16日，SpaceX將包含日本太空人野口聰一在內的4名人員安全送到ISS，接著又在2021年的4月21日將同為日本太空人的星出彰彥和其他3人送上ISS，並將野口聰一等人平安帶回地球。現在許多企業都在不斷挑戰，試圖搶下ISS的運輸生意。

從1998年開始組裝，至今已運轉了23年的國際太空站
International Space Station

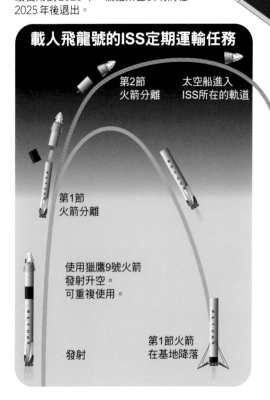

位於海拔約400公里高空的地球繞行軌道上，總質量高達420噸的巨大太空站。由美國、俄羅斯、日本、加拿大、歐洲太空總署共同營運。可駐紮7名人員。預計將繼續使用到2028年。俄羅斯已表明將在2025年後退出。

載人飛龍號的ISS定期運輸任務

第2節火箭分離

太空船進入ISS所在的軌道

第1節火箭分離

使用獵鷹9號火箭發射升空。可重複使用。

發射

第1節火箭在基地降落

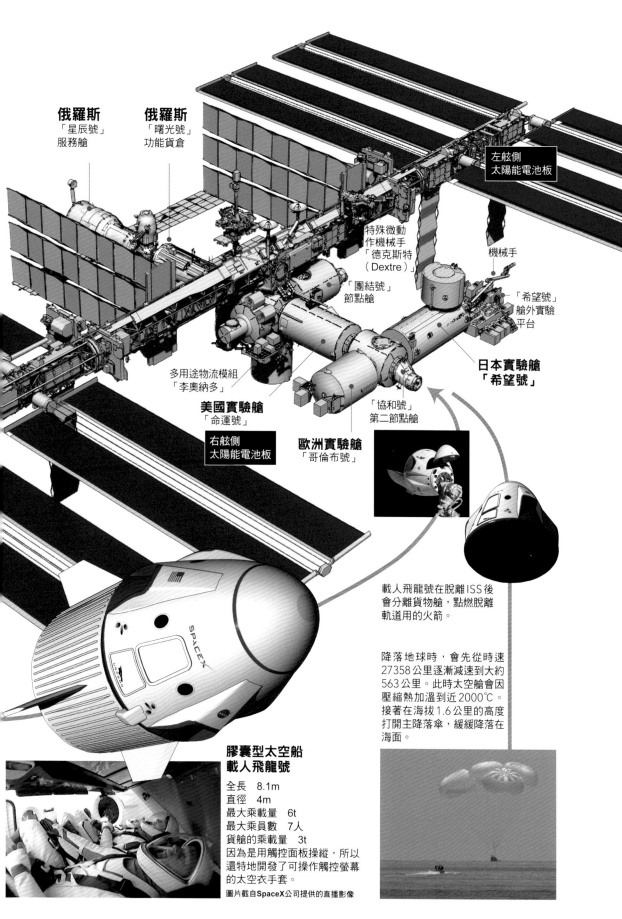

俄羅斯
「星辰號」
服務艙

俄羅斯
「曙光號」
功能貨倉

左舷側
太陽能電池板

特殊微動
作機械手
「德克斯特
（Dextre）」

機械手

「團結號」
節點艙

「希望號」
艙外實驗
平台

多用途物流模組
「李奧納多」

日本實驗艙
「希望號」

美國實驗艙
「命運號」

「協和號」
第二節點艙

右舷側
太陽能電池板

歐洲實驗艙
「哥倫布號」

載人飛龍號在脫離ISS後
會分離貨物艙，點燃脫離
軌道用的火箭。

降落地球時，會先從時速
27358公里逐漸減速到大約
563公里。此時太空艙會因
壓縮熱加溫到近2000℃。
接著在海拔1.6公里的高度
打開主降落傘，緩緩降落在
海面。

膠囊型太空船
載人飛龍號

全長　　8.1m
直徑　　4m
最大乘載量　6t
最大乘員數　7人
貨艙的乘載量　3t
因為是用觸控面板操縱，所以
還特地開發了可操作觸控螢幕
的太空衣手套。
圖片載自SpaceX公司提供的直播影像

逐漸老化的ISS繼承者
將是民間太空站？

🚀 讓民間企業參與建造替代設施

已使用超過20年，設備逐漸老化的國際太空站（ISS）將在2030年代正式除役，遭到報廢。參與營運的15個國家一致同意將共同運轉到2024年，但在那之後又該怎麼辦

呢？

在美國川普政權下擔任NASA署長的吉姆・布萊登斯坦，早在之前就提議要利用民間企業的力量。在ISS的壽命結束前發包讓民間企業建造代替ISS的新太空站，並由NASA予以協助。這個構想的背景是NASA

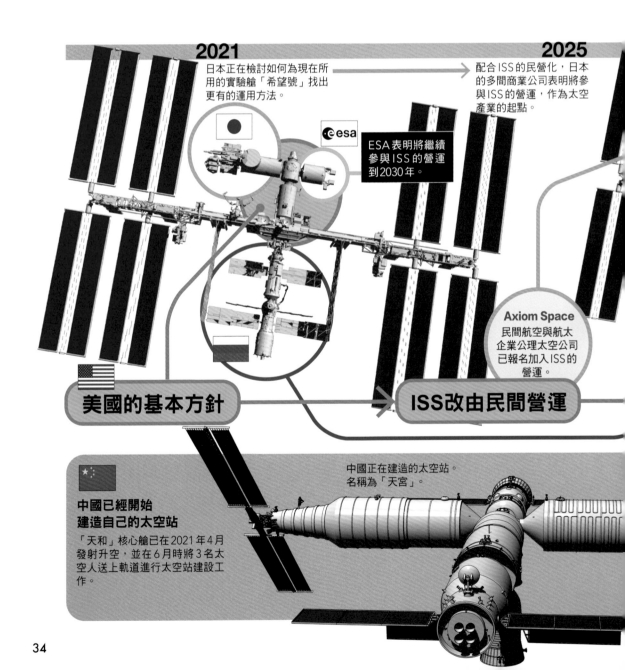

2021

日本正在檢討如何為現在所用的實驗艙「希望號」找出更有的運用方法。

2025

配合ISS的民營化，日本的多間商業公司表明將參與ISS的營運，作為太空產業的起點。

ESA表明將繼續參與ISS的營運到2030年。

Axiom Space
民間航空與航太企業公理太空公司已報名加入ISS的營運。

美國的基本方針 → **ISS改由民間營運**

中國已經開始建造自己的太空站

「天和」核心艙已在2021年4月發射升空，並在6月時將3名太空人送上軌道進行太空站建設工作。

中國正在建造的太空站。名稱為「天宮」。

未來的任務將以把人類送上月球和火星的「阿提米絲計畫」為中心，因此希望把原本花在ISS上的龐大經費轉移到這項計畫上。

在美國拋出於2030年前報廢ISS，活用民間力量的構想後，其餘各國也紛紛作出回應。

首先是俄羅斯表明將在2025或28年退出ISS，獨立建設新的太空站。歐洲各國則宣佈會在2030年繼續留在ISS。日本也暗示了把ISS日本模組轉為民營化的可能性。

而當西方各國陷入意見分歧時，中國正默默地在低地球軌道上建造自己的太空站。中國預計在2024年完成這座新太空站，且宣布完工後太空站上的研究設施將開放國際社會使用。

如果ISS的繼承者沒能順利誕生，最終設施老化墜落到太平洋的話，中國或許會成為全球唯一擁有太空站的國家呢。

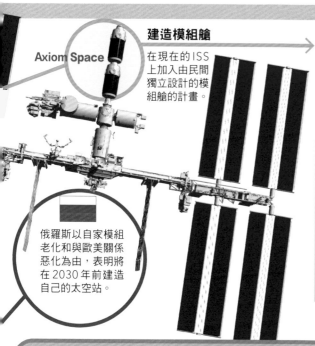

Axiom Space

建造模組艙

在現在的ISS上加入由民間獨立設計的模組艙的計畫。

俄羅斯以自家模組老化和與歐美關係惡化為由，表明將在2030年前建造自己的太空站。

2030

民間太空站「AxStation」

公理太空公司正計劃以既有的ISS為基礎，依序加上自己的模組艙，逐步替換目前由ISS負責運轉的功能，然後在2030年時從ISS分離，獨自運作。屆時現在的ISS將會報廢。

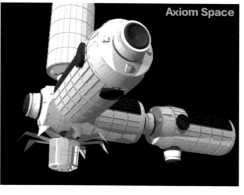

Axiom Space

日本政府和企業也表明會積極參與阿提米絲計畫

將ISS的維護預算挪給阿提米絲計畫使用

中國的太空站除「天和」核心艙以外，還有「問天」、「夢天」兩個實驗艙，以及可與哈伯太空望遠鏡匹敵的「巡天」光學艙，可常駐6名乘員，計畫使用15年時間。

建造月球軌道太空站

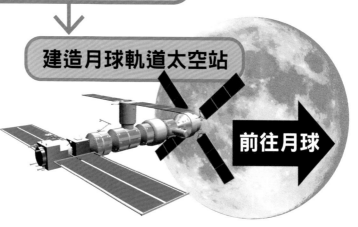

前往月球

ISS的研究解開謎團
微重力對人體的影響

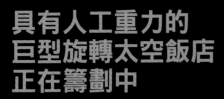

具有人工重力的
巨型旋轉太空飯店
正在籌劃中

挑戰沒有重力的世界

飛行在海拔400公里高空的國際太空站上，重力只有地表的百萬分之一。這種幾乎沒有重力的狀態常被稱為「無重力狀態」，但近年開始改用「微重力」這個更精確的說法。

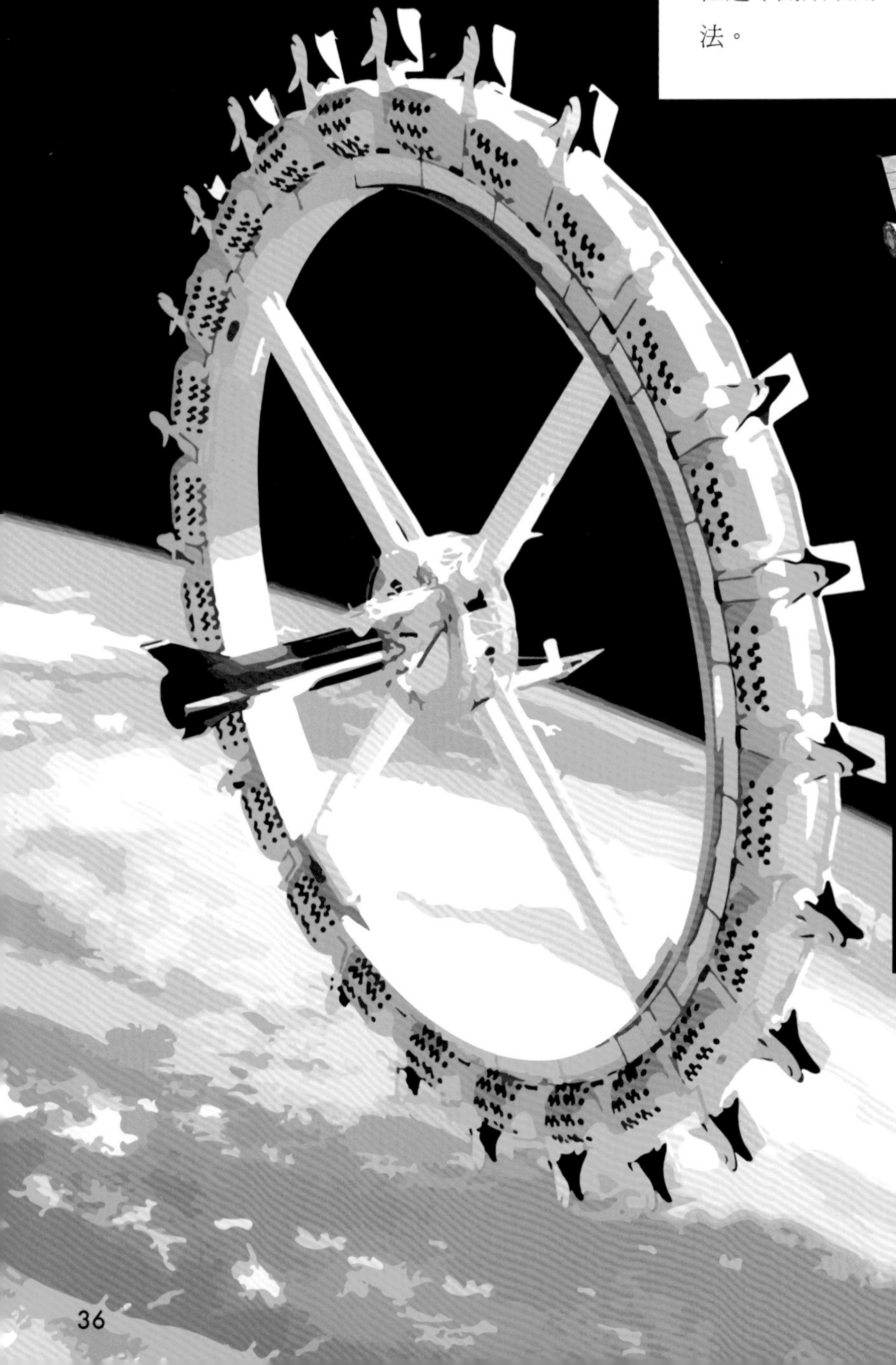

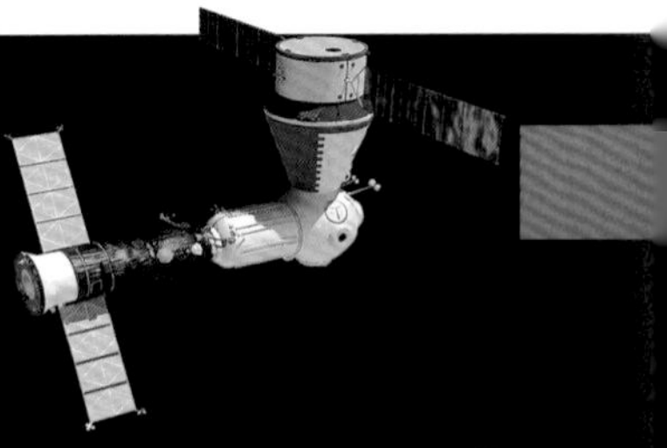

旋轉　離心力　模擬重力

美國的軌道組裝公司（Orbital Assembly Corporation，OAC）向美國政府提出建立巨型太空旅店的計畫。

由前NASA飛行員、工程師和建築師團隊蓋特威基金會（Gateway Foundation）成立的OAC公司，計畫要建造一座直徑200公尺的巨大車輪型太空飯店，作為科學實驗和觀光的住宿點。

太空人們在ISS長年研究的題目之一，就是微重力環境對人體的影響。我們的身體為了適應地球重力而演化的。目前科學家已知人類若失去重力，支撐人體的骨骼和肌肉就會流失、心臟功能降低，引發各種嚴重的問題。

所以，駐紮在ISS上的太空人大約每6個月就要輪替一次。因為若在上面待得更久，曝曬到更多有害的宇宙射線，身體機能就會退化得更嚴重。

自1950年代起，NASA太空事業的主持者馮・布朗博士就擔心太空微重力對人體的影響，呼籲必須在太空站上模擬出人工重力。布朗博士跟阿波羅計畫的關係密切，也是研發出將太空人送上月球的農神號火箭的功臣。布朗博士的計畫是建造一種像車輪的太空站，讓太空站不斷旋轉，創造人工重力，讓太空人擁有舒適的生活環境。現在研究團隊也開始嘗試實現這個構想。

根據ISS的研究，檢驗微重力對人體會產生什麼樣的影響

1 人體的骨質量會減少

用青鱂魚進行實驗

青鱂魚　→　微重力環境　→　粒線體型態發生異變　→　破骨細胞活潑化　→　骨質量減少

修改青鱂魚的基因，讓成骨細胞和破骨細胞繁出白色螢光，容易觀察。將基改後的青鱂魚帶到ISS上養了2個月後，發現了這項事實。

相關內容參考了『太空殖民地 在宇宙生活的方法（スペースコロニー宇宙で暮らす方法，暫譯）』（向井千秋監修・著，講談社刊）

馮・布朗博士在1950年代提議建造會旋轉的太空站

華納・馮・布朗
（1912-1977）

生於德國。第二次世界大戰期間發明了世界最早的彈道飛彈V2。1945年流亡美國。主持了美國的太空發展和火箭研發計畫。期間布朗博士描繪了自己對太空旅行的夢想，認為為此必須建造能產生人工重力，不斷旋轉的巨型太空站，啟蒙了現代人。

人工重力太空站可以提供舒適的居住環境

2 心臟功能降低引發心臟疾病

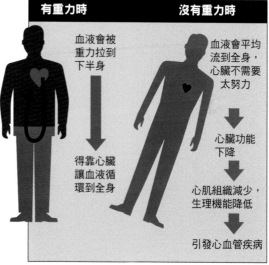

有重力時	沒有重力時
血液會被重力拉到下半身	血液會平均流到全身，心臟不需要太努力
得靠心臟讓血液循環到全身	心臟功能下降
	心肌組織減少，生理機能降低
	引發心血管疾病

3 肌肉量減少

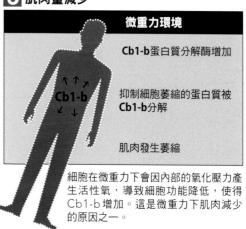

微重力環境

Cb1-b蛋白質分解酶增加

Cb1-b

抑制細胞萎縮的蛋白質被Cb1-b分解

肌肉發生萎縮

細胞在微重力下會因內部的氧化壓力產生活性氧，導致細胞功能降低，使得Cb1-b增加。這是微重力下肌肉減少的原因之一。

Part 3

再次登月吧 ①

距今半世紀前站上月球的12個人

🚀6次成功的載人登月任務

　　人類首次登陸月球距今已超過50年，是在1969年7月20日（美國時間）。兩名太空人從阿波羅11號的登月小艇鷹號走下月面的畫面，當時曾在全世界的電視播放。從這個值得紀念的日子到1972年12月，除了中間阿波羅13號因事故失敗外，到阿波羅17號為止，美國一共用了6次任務，將12位太空人送上月球。

　　阿波羅計畫是為了對抗1961年成功讓加加林完成人類史上首次太空飛行的蘇聯，為恢復美國威信這個政治目的而誕生的。然而，由於耗費了龐大的預算，阿波羅計畫在第17號後就畫下句點。

　　1970年代，太空發展競賽的舞台轉移到地球軌道上的太空站，蘇聯先發射了禮炮1號，美國就接著發射天空實驗室。然後1980年代迎來了太空梭的時代。

　　在蘇聯解體後的1998年，俄羅斯也有參與的國際太空站（ISS）開始運作。接著2019年，再次將人類送上月球的「阿提米絲計畫」立案。而該計畫終於要開始實行。

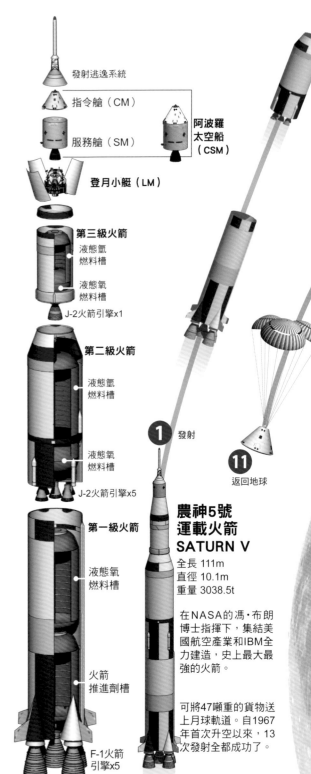

發射逃逸系統

指令艙（CM）

服務艙（SM）

阿波羅太空船（CSM）

登月小艇（LM）

第三級火箭
液態氫燃料槽
液態氧燃料槽
J-2火箭引擎x1

第二級火箭
液態氫燃料槽
液態氧燃料槽
J-2火箭引擎x5

第一級火箭
液態氧燃料槽
火箭推進劑槽
F-1火箭引擎x5

① 發射
⑪ 返回地球

農神5號運載火箭 SATURN V
全長 111m
直徑 10.1m
重量 3038.5t

在NASA的馮·布朗博士指揮下，集結美國航空產業和IBM全力建造，史上最大最強的火箭。

可將47噸重的貨物送上月球軌道。自1967年首次升空以來，13次發射全都成功了。

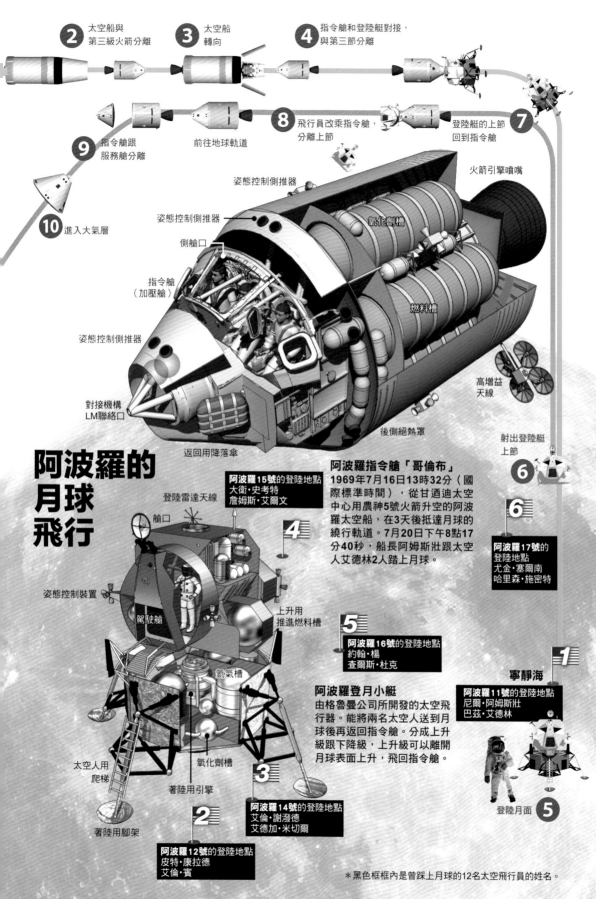

2 太空船與第三級火箭分離

3 太空船轉向

4 指令艙和登陸艇對接，與第三節分離

8 飛行員改乘指令艙，分離上節

7 登陸艇的上節回到指令艙

9 指令艙跟服務艙分離

前往地球軌道

10 進入大氣層

姿態控制側推器

姿態控制側推器

側艙口

指令艙（加壓艙）

姿態控制側推器

對接機構 LM聯絡口

返回用降落傘

火箭引擎噴嘴

氧化劑槽

燃料槽

高增益天線

後側絕熱罩

射出登陸艇上節

6

6

阿波羅的月球飛行

登陸雷達天線

阿波羅15號的登陸地點
大衛·史考特
詹姆斯·艾爾文

艙口

姿態控制裝置

駕駛艙

上升用推進燃料槽

4

5

氦氣槽

太空人用爬梯

著陸用引擎

氧化劑槽

3

著陸用腳架

2

阿波羅指令艙「哥倫布」
1969年7月16日13時32分（國際標準時間），從甘迺迪太空中心用農神5號火箭升空的阿波羅太空船，在3天後抵達月球的繞行軌道。7月20日下午8點17分40秒，船長阿姆斯壯跟太空人艾德林2人踏上月球。

阿波羅17號的登陸地點
尤金·塞爾南
哈里森·施密特

阿波羅16號的登陸地點
約翰·楊
查爾斯·杜克

阿波羅登月小艇
由格魯曼公司所開發的太空飛行器。能將兩名太空人送到月球後再返回指令艙。分成上升級跟下降級，上升級可以離開月球表面上升，飛回指令艙。

寧靜海

1

阿波羅11號的登陸地點
尼爾·阿姆斯壯
巴茲·艾德林

登陸月面 **5**

阿波羅14號的登陸地點
艾倫·謝潑德
艾德加·米切爾

阿波羅12號的登陸地點
皮特·康拉德
艾倫·賓

＊黑色框框內是曾踩上月球的12名太空飛行員的姓名。

39

載人月球探查計畫的第二階段
阿提米絲計畫開始了

🚀 重啟月球探勘的川普政權

「阿提米絲計畫」並不止於人類再次探測月球，還要在繞行月球的軌道上建造太空站「月球門戶」，並以此為跳板一口氣完成載人火星探測，是一個相當宏大的計劃。

而讓這項計畫加速的，是2017年誕生的川普政權。同年12月，美國總統川普（當時）簽署了太空政策令，要求NASA進行載人月球探勘計畫。2019年，NASA原本規劃在2028年載人登陸月球的計畫，被要求提前到2024年。

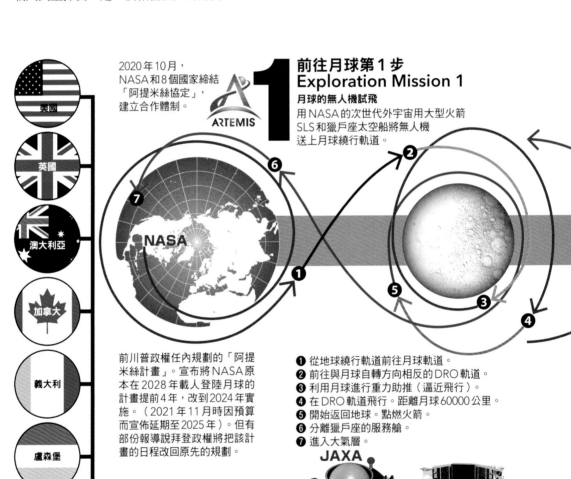

2020年10月，NASA和8個國家締結「阿提米絲協定」，建立合作體制。

ARTEMIS

前往月球第1步
Exploration Mission 1
月球的無人機試飛
用NASA的次世代外宇宙用大型火箭SLS和獵戶座太空船將無人機送上月球繞行軌道。

NASA

前川普政權任內規劃的「阿提米絲計畫」。宣布將NASA原本在2028年載人登陸月球的計畫提前4年，改到2024年實施。（2021年11月時因預算而宣佈延期至2025年）。但有部份報導說拜登政權將把該計畫的日程改回原先的規劃。

Dymon公司計畫在2022年內將小型探測機器人「YAOKI」送上月球。

❶ 從地球繞行軌道前往月球軌道。
❷ 前往與月球自轉方向相反的DRO軌道。
❸ 利用月球進行重力助推（逼近飛行）。
❹ 在DRO軌道飛行。距離月球60000公里。
❺ 開始返回地球。點燃火箭。
❻ 分離獵戶座的服務艙。
❼ 進入大氣層。

JAXA

將無人月面探測機「SLIM」送上月面

HAKUTO-R
ispace公司的月面探測事業開始營運

預定於2022年內

本節介紹的所有項目時程皆為阿提米絲計畫最初的預想。實際日程可能因國際情勢或事件而變更。

美國
英國
澳大利亞
加拿大
義大利
盧森堡
阿拉伯聯合大公國
日本

※目前有11個國家

國際項目也有日本的貢獻

在此背景下啟動的「阿提米絲計畫」大致上有4個目的。第一，不由美國單獨籌劃，而是跟包含日本在內的其他8個國家合作，規劃成國際項目。而日本在月面的事先探測方面，除了JAXA之外，民間企業也準備積極積極參與。

第二，在月球的繞行軌道上建造不只能往來月球，還能前往深外太空的出發基地「月球門戶」。而日本將在模組艙的建造和維護、物資運輸等方面扮演重要角色。

第三，讓女性太空人參與月面探測和月面基地的建設。在此任務的過程中，日本太空人預期也將在月面上活動。

而第四個目的，則是探勘月面的資源。這方面日本也計畫投入大型的載人加壓探測車，用來尋找和運用水資源，做出巨大貢獻。

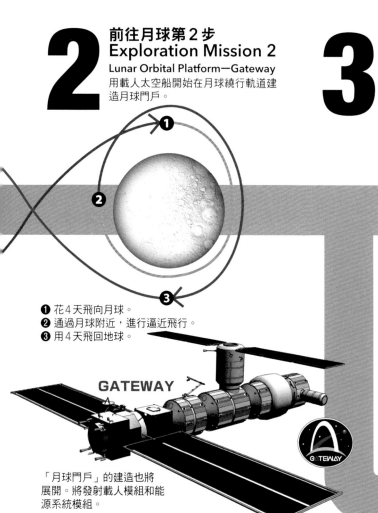

2 前往月球第2步
Exploration Mission 2
Lunar Orbital Platform—Gateway
用載人太空船開始在月球繞行軌道建造月球門戶。

❶ 花4天飛向月球。
❷ 通過月球附近，進行逼近飛行。
❸ 用4天飛回地球。

GATEWAY

「月球門戶」的建造也將展開。將發射載人模組和能源系統模組。

日本負責建造居住艙和運送物資的任務。

ESA
JAXA

將於2023年開始建造

3 前往月球第3步
Exploration Mission 3
人類終於再次站上月球
按計劃將於2024年進行月面的載人探測。雖然2021年9月的現在計畫仍未宣布變更，但外界預期將會推遲數年。

首先前往月亮!!

宣佈向民間招標月球登陸艇，目前NASA選上的是SpaceX公司的星艦，但多家競爭公司向美國政府提出申訴，因此尚未有結論。

利用月球基地和月球門戶，人類下一步將前往火星。

人類將從2028年開始建造月球基地？

然後前往火星

JAXA
2029年把探測車送上月球。

Part 3
再次登月吧 ③

日本的JAXA和年輕的太空新創陸續將探測器送向月球

🚀 **民間首次的月球探測是否將成真？**

　　在「阿提米絲計畫」之中，日本將派出JAXA，以及數間憑藉獨特發想和技術開拓全新太空商務世界的年輕新創企業參與。

　　下面介紹的JAXA小型月球登陸實驗機「SLIM」、Dymon公司的超小型探測機器人「YAOKI」、ispace公司的月面探測項目「HAKUTO-R」，皆可稱得上是日本科技界最擅長的高端精細機械控制技術和最新IT技術的結晶。

　　所謂的「SLIM（Smart Lander for Investigating Moon）」是一台可用極高精度在指定降落地點著陸，為實現小型且輕量的

2021～2022年，是日本的月球探勘年

超小型探測機器人「YAOKI」
預定在2021年秋天出發

「YAOKI」是由機器人和太空發展新創公司「株式會社Dymon」研發的超小型探測機器人。它擁有可在月球的沙地自由行走的獨特車輪型外形。目標是在嚴酷的月球環境下一次放出多台探測器，提供高效且精準的探測服務。

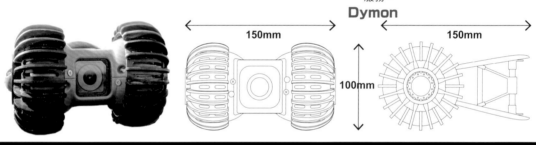

Dymon

150mm

100mm

150mm

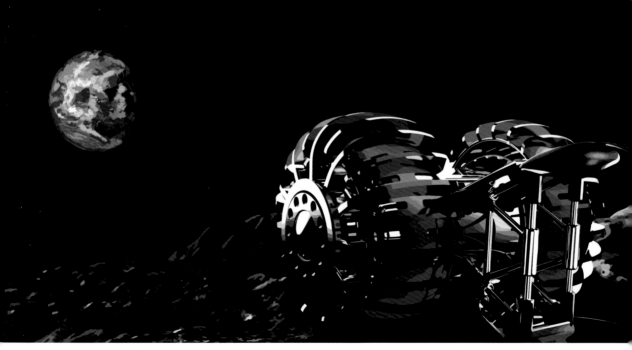

探測系統而打造的月球探測機。它能對月面的地形進行影像掃描，正確辨識著陸地點，並修正誤差，運用獨特的著陸機構一邊避開障礙一邊登陸。

「YAOKI」則是一台僅有15公分的車輪型探測機器人。可以一次送出多台探測機，機能最適合用來對月面進行精細的探測。

ispace計畫在不遠的將來，月面開發事業活躍化後，打造月面開發不可或缺的輕量化且可進行高精度運送的實用型登陸器。為此該公司開發了獨特的機構和軀體材料，並獨立做了很多研究。

與JAXA走了不同路線，開發出這些探測器的兩間民間企業沒有像過去的日本航太公司那樣仰賴政府預算，完全從民間籌措資金，活用自己的創意和技術力，努力成為可自立自強的太空商務公司。這在誕生於日本的年輕太空新創值得注目。

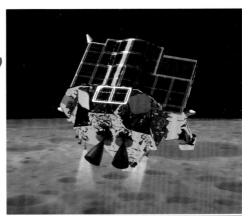

JAXA
小型月球登陸實驗機
「SLIM」
原定於2020年升空

「SLIM」是用於驗證精準登月技術的實驗機。雖然小型且輕量，但能對月球的地形進行圖像分析，且擁有自動控制機構，可進行誤差低於100公尺的精準著陸。

提供 JAXA

ispace
月面探測項目「HAKUTO-R」
預定於2022年內升空※
※2021年11月時的預測
©ispace

「HAKUTO-R」是太空發展新創公司ispace公司的民間月面探測項目。其軀體材料使用了碳纖維強化塑膠（CFRP）進行輕量化，可乘載約30公斤的貨物。目標是提供到月面的低成本物流平台。

ispace公司除月艇外同時還在開發小型的月球探測車。

打造月球和火星的入口「月球門戶」太空站

月球和地球的中繼基地

　　將建造在月球繞行軌道上的「月球門戶（Gateway）」太空站，一如字面，可說是未來太空發展的「入口」。

　　月球門戶的重要角色之一，就是成為預期將在2030年代正規化的月面探勘的支援據點。最初期將作為從地球遠程遙控無人月面資源探測機的通訊中繼基地，而在月面基地完工後，還能成為地月間物資運輸的中繼站。另外當月面上發生事故時，月球門戶也能當成緊急避難所。

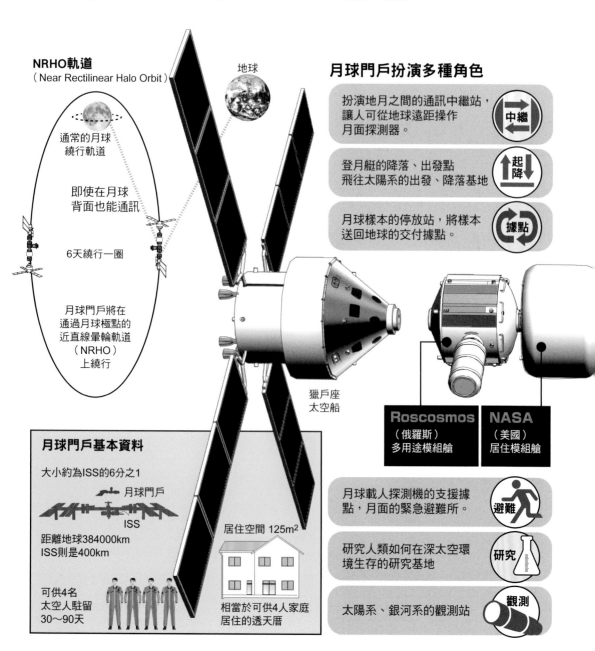

NRHO軌道
（Near Rectilinear Halo Orbit）

地球

通常的月球繞行軌道

即使在月球背面也能通訊

6天繞行一圈

月球門戶將在通過月球極點的近直線暈輪軌道（NRHO）上繞行

獵戶座太空船

Roscosmos（俄羅斯）多用途模組艙

NASA（美國）居住模組艙

月球門戶扮演多種角色

扮演地月之間的通訊中繼站，讓人可從地球遠距操作月面探測器。　中繼

登月艇的降落、出發點　飛往太陽系的出發、降落基地　起降

月球樣本的停放站，將樣本送回地球的交付據點。　據點

月球載人探測機的支援據點，月面的緊急避難所。　避難

研究人類如何在深太空環境生存的研究基地　研究

太陽系、銀河系的觀測站　觀測

月球門戶基本資料

大小約為ISS的6分之1

月球門戶

ISS

距離地球384000km
ISS則是400km

可供4名太空人駐留30～90天

居住空間 125m²

相當於可供4家庭居住的透天厝

🚀 支援到火星的長距離旅行

月球門戶的另一個任務,就是火星探測的據點。地球到月球的距離只有大約38萬公里,但到火星最短也有約5500萬公里。搭乘火箭前往,單程就要花費7〜8個月。一如p28〜29介紹過的,火箭最耗費燃料的部分就是從地表飛上海拔100公里的太空。火箭上大半的燃料都會在此消耗掉。而前往火星需要大量的燃料,要把這麼重的燃料發射到

太空,就需要更多的燃料。

如果火箭可以在月球門戶裝滿燃料出發,相信火星的探測之旅將會容易得多。換言之為了將人類送往火星,就必然得建造月球門戶。

日本也積極參與月球門戶的建設,協助建造國際共同研發的居住模組,並負責提供包含維生裝置在內的重要系統。

月球軌道平台・月球門戶
Lunar Orbital Platform–Gateway

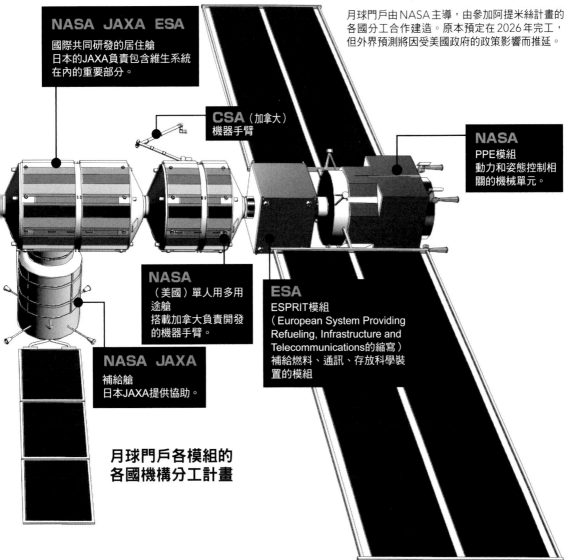

月球門戶由NASA主導,由參加阿提米絲計畫的各國分工合作建造。原本預定在2026年完工,但外界預測將因受美國政府的政策影響而推延。

NASA JAXA ESA
國際共同研發的居住艙
日本的JAXA負責包含維生系統在內的重要部分。

CSA(加拿大)
機器手臂

NASA
PPE模組
動力和姿態控制相關的機械單元。

NASA
(美國)單人用多用途艙
搭載加拿大負責開發的機器手臂。

ESA
ESPRIT模組
(European System Providing Refueling, Infrastructure and Telecommunications的縮寫)
補給燃料、通訊、存放科學裝置的模組

NASA JAXA
補給艙
日本JAXA提供協助。

月球門戶各模組的各國機構分工計畫

Part 3
**再次
登月吧**
⑤

人類終於再次前往月球
目標是建立月球基地

🚀 **經由月球門戶前往月球**

「阿提米絲計畫」的其中一個重要階段，就是載人月面探測。跟半世紀前的「阿波羅計畫」不同，這次登月的目的是建造可讓太空人長期駐紮在月面的月球基地。為此

NASA建立了周詳的計畫。

如同上一節所見，這項計畫的核心要角就是盤旋在月球繞行軌道上的月球門戶太空站。為了將太空人送上月球門戶，美國正在測試比體積有阿波羅計畫3倍大的獵戶座太空船。

人類終於
要在月球展開
新的活動
阿提米絲3號

SLS太空發射系統
NASA為了前往地球繞行軌道外側而研發，由太空梭演變而來的火箭系統。SLS由兩節組成，是最大可將130t貨物射入太空的最強火箭。

② 8分鐘後分離下級火箭
高度157公里

① 發射後2分鐘，分離推進器
高度45公里

③ 16分鐘後展開太陽能板
高度484公里

④ 54分鐘後
高度1791公里
點燃上級火箭

⑤ 1小時53分鐘後分離獵戶座太空船
高度3849公里

要脫離地球重力圈需要讓速度達到時速40320公里以上

全長
98m

緊急脫離裝置

獵戶座
太空船　指令艙
服務艙

SLS
上級火箭
RL-10B2發動機

上級火箭
下級火箭

液態氧槽

液態氫槽

固體燃料
推進器

太陽能板

RS-25
發動機

人

冷卻器

前觀測窗　CM-SM結合部

服務艙（SM）

對接介面

指令艙
（CM）

Orion 獵戶座太空船
由NASA研發，為進行深太空載人飛行而開發的太空船。可供6名人員活動6個月。指令艙是由美國設計，但服務艙是由歐洲負責。2014年以無人狀態完成首飛。

而負責將這艘大型太空船送上太空的運載火箭則是名叫「太空發射系統（SLS）」，擁有史上最大推力的巨型火箭。

🚀 登陸月球後建造活動據點

太空人搭乘獵戶座太空船到達月球門戶後，將在這裡換乘登月艇。登月艇將太空人們送上月面後，會再次回到月球門戶，將預先存放在上面的資材運送到月面。運送完資材後，接著就要開始建造月面基地當作活動據點。

除了簡便的可擴充型居住設備外，還要建造裝置處理覆蓋月球表面的一種俗稱「表岩屑」的細沙等，要做的工作非常多。在實施載人探測前，我們已先用探測衛星在月球南極的撞擊坑陰影區發現水資源的可能蹤跡，所以還要探測水資源。

事實上，要讓人類在嚴酷的月球環境中活下去，需要準備非常多東西。下一節就讓我們來詳細看看需要哪些準備吧。

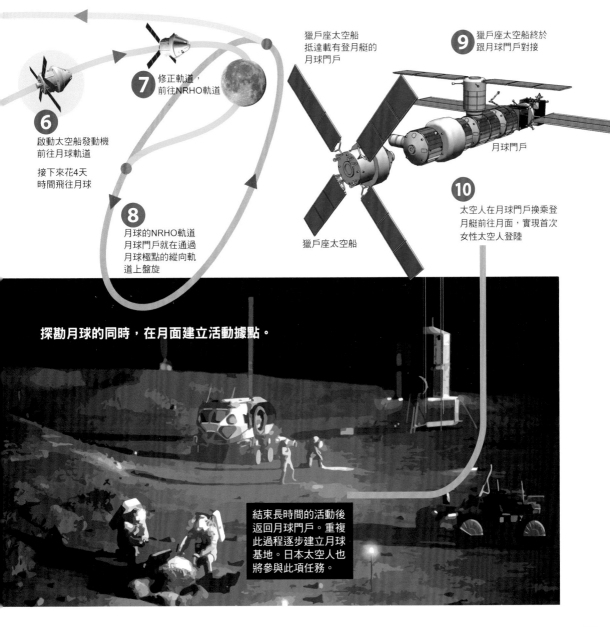

6 啟動太空船發動機前往月球軌道

接下來花4天時間飛往月球

7 修正軌道，前往NRHO軌道

8 月球的NRHO軌道 月球門戶就在通過月球極點的縱向軌道上盤旋

獵戶座太空船抵達載有登月艇的月球門戶

9 獵戶座太空船終於跟月球門戶對接

月球門戶

獵戶座太空船

10 太空人在月球門戶換乘登月艇前往月面，實現首次女性太空人登陸

探勘月球的同時，在月面建立活動據點。

結束長時間的活動後返回月球門戶。重複此過程逐步建立月球基地。日本太空人也將參與此項任務。

人類在太空生存必須掌握的五項技術

🚀 在嚴酷的太空中需要的東西

人類過去在國際太空站（ISS）做過許多實驗和測試，掌握了很多讓人類在太空中生存所需的技術。然而，「阿提米絲計畫」不是在ISS這種有著充分管理的環境，而是要

在嚴酷的月面環境中長期活動。為此我們需要掌握下列五項技術。

第一，是製造人類不可或缺的水和氧氣之技術。科學家認為月面的岩石中潛藏著相當數量的水資源，有一說認為總量多達100億噸。能否找出這個水資源，將左右阿

月球對人類而言是非常嚴酷的環境

沒有空氣和水

氣溫變化劇烈
白天最高氣溫 +120度
夜晚最低氣溫 -180度
平均氣溫 -20度

重力只有地球6分之1
低重力對健康
影響很大

強烈的輻射從天而降
輻射量約為
地球的100倍

微小隕石從天而降

1天的長度為
708小時54分鐘

沒有生物＝
沒有食物

心理性封閉感對心理
健康的影響

1 在月球製造水和氧
方法是…
挖掘月球潛藏的水資源

2 建造可供人類
安全居住的
庇護所
方法是…
地下建築和表岩屑
磚瓦的家

3 生產食物
自給自足
方法是…
在完全封閉的環境
建立植物生產工廠

4 使能源
自給自足
方法是…
除太陽能發案和電
解工廠外，也可利
用小型核電廠

5 在完全封閉的
生態系中生存
方法是…
建造環境控制和
維生系統

提米絲計畫的成敗。水不只是人類維持生命所需的物質，也能提取出氫氣製造火箭燃料或燃料電池。而氧氣的部分，歐洲太空總署（ESA）也正在進行從月球的表岩屑中提取氧氣的實驗。

其次，我們還需要掌握地下建築技術，建造地下庇護所躲避強力的宇宙射線。由於月球上無法使用利用到地球重力的重型機具，因此必須研發將表岩屑燒成磚瓦當成壓重物等獨特的月面建築工法。此外能從地球遠距遙控的建築用機器人也在研發當中。

從長遠的角度思考，理想上最好食物也能在月球自給自足。能在密閉空間運作的植物工廠技術，目前已在全球多國累積了很多經驗。

此外，相信也會用到在ISS培育起來的能源自給和完全循環型封閉生態系統等技術。

月球存在
100億噸
的水!?

從月球表面的沙子＝表岩屑中提取氧氣
ESA正在研究用熔鹽電解的方式提取氧氣。

月球地下存在大量水資源？
NASA的探測器發現地下可能存在水資源。

月球南極的永久陰影區撞擊坑地下存在冰？
ESA正在開發太陽能鑿岩機以採掘冰塊。

用挖掘出來的水製造深太空航行用的燃料

H_2 液態氫
液態氧 O_2

H_2O

日本JAXA計畫在2030年代開始運轉在月面上的燃料製造工廠

首先用表岩屑覆蓋從地球運來的居住單元 → 用表岩屑燒成的磚頭建造房屋 → 利用熔岩管形成的地下洞窟建造大型設施

輻射線

↓

用微波將表岩屑加熱到近1000℃燒成磚頭

人類尿液可用來建造基地!!
表岩屑＋尿酸＋3D列印機＝建築物
尿酸可延遲表岩屑的凝固速度，用3D列印機噴出材料來建造。

遠程遙控的建築機器人
用可遠程遙控的自律型建築機器人建造基地
日本JAXA和鹿島建設等公司正在開發可從地球遙控的土木建築系統。

科學家自1980年代就一直在研究如何在完全封閉的生態系中栽植可食用的植物，累積了不少成果。

世界各國都在進行太空植物工廠的實驗

也可以在細胞養殖工廠生產蛋白質
用細胞培養製造肌肉蛋白的技術，在日本新創企業的研究下取得飛躍性的進展。該工廠也有可能在太空運作。

循環型再生能源系統
以太陽光和水為主原料，由儲電設施和氧氣、氫氣的製造工廠組成的系統。JAXA和本田集團正在計畫中。

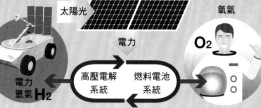

太陽光

電力

氧氣

O_2

電力
氫氣 H_2

高壓電解系統 ⇄ 燃料電池系統

為應對太陽光不足的情況，NASA正在開發用小型核反應爐發電的系統。據說反應爐的大小只有2個衛生紙盒那麼大。

空氣循環　製造O_2　→　呼吸　←　發汗　溫度、濕度控制
　　　　　回收CO_2　←

飲用水
水循環　　　　水再生裝置

廁所　便 尿　廢棄物處理

環境控制與維生系統（ECLSS）

日本也有協助研發可在完全封閉的太空中創造可自動運作維持生命的環境系統。

日本隊將在2029年發射載人月面探測車

🚀 運用日本的氫能車技術探勘月球

「阿提米絲計畫」正值準備送太空人登陸月球的重要階段，日本也開始全力投入開發計畫。2019年JAXA宣佈將實施日本的月球資源載人探測事業計畫。

該計畫將運用2台載人月面探測車，在2029年到2034年進行5次共1萬公里的大規模月面資源探勘。本次資源探勘使用的探測車將由日本的汽車製造商豐田汽車開發，這項消息也引來不少關注。

月面探測車必須能承受月球嚴酷的環境，在難以行駛的表岩屑沙漠安全行駛，還必須提供加壓的環境為太空人長時間提供舒適的環境。面對這項難題，JAXA和豐田組成的日本隊繳出的答案是「月球巡洋艦（Lunar Cruiser）」。

月球巡洋艦上集結了豐田汽車多年研究後，終於在氫能車「Mirai」上完成實用化的氫燃料電池技術。每次加滿氫氧和氧氣後可連續行駛1000公里，且發電副產物的水還能當成太空人的飲用水。

現在規劃的探測目標是從月球背面的南極點到南極-艾托肯盆地的廣大區域，以水資源為中心，將廣泛探測各種類資源。如果月球巡洋艦能在月球上找到相當數量的水，相信人類的月球開發計畫就能邁進下一個階段。

2台「LUNAR CRUISER」將在月球南極尋找水資源

擁有約4.5張榻榻米大的加壓艙，可提供舒適的居住空間。

發動機使用次世代燃料電池驅動。比鋰固態電池更輕、更小的同時還具有高性能。

在沒有GPS可用的月球上，可利用地形辨識進行自動駕駛。

普利司通開發了可承受月球嚴苛的環境，全金屬製且有彈性的輪胎。

自阿波羅計畫以來第一輛載人探測車

「LUNAR CRUISER」可行駛超過1萬公里

將在月球進行5次探測任務，相當於地球時間42天。

單次任務的行駛距離達2000公里。然而，月球的1天相當於地球的28天，所以用月球時間來計算，只是2天1夜的出差。

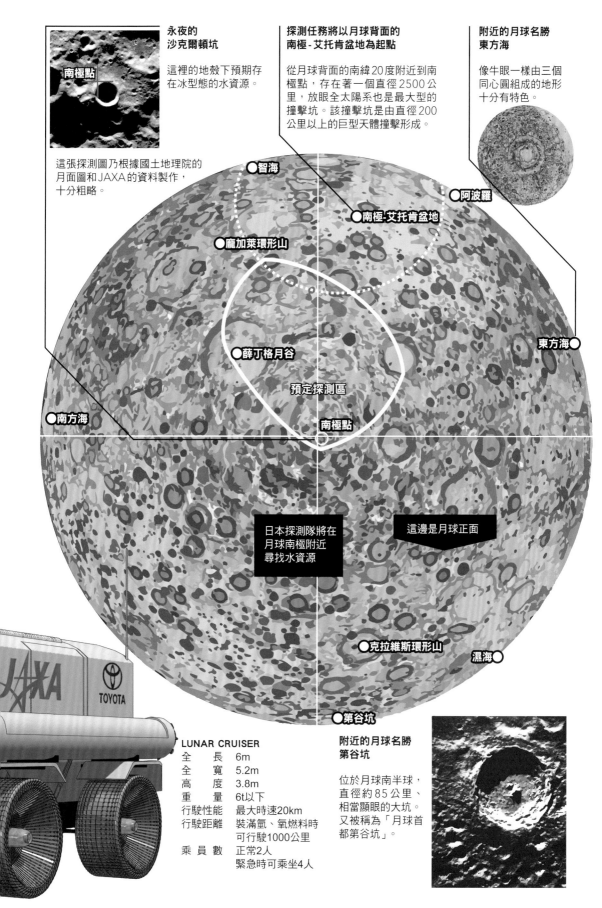

**永夜的
沙克爾頓坑**

這裡的地殼下預期存
在冰型態的水資源。

南極點

**探測任務將以月球背面的
南極 - 艾托肯盆地為起點**

從月球背面的南緯20度附近到南
極點，存在著一個直徑2500公
里，放眼全太陽系也是最大型的
撞擊坑。該撞擊坑是由直徑200
公里以上的巨型天體撞擊形成。

**附近的月球名勝
東方海**

像牛眼一樣由三個
同心圓組成的地形
十分有特色。

這張探測圖乃根據國土地理院的
月面圖和JAXA的資料製作，
十分粗略。

●智海

●南極·艾托肯盆地

●阿波羅

●龐加萊環形山

東方海●

●薛丁格月谷

預定探測區

●南方海

南極點

日本探測隊將在
月球南極附近
尋找水資源

這邊是月球正面

●克拉維斯環形山

濕海●

●第谷坑

LUNAR CRUISER

全　　長	6m
全　　寬	5.2m
高　　度	3.8m
重　　量	6t以下
行駛性能	最大時速20km
行駛距離	裝滿氫、氧燃料時 可行駛1000公里
乘員數	正常2人 緊急時可乘坐4人

**附近的月球名勝
第谷坑**

位於月球南半球，
直徑約85公里、
相當顯眼的大坑。
又被稱為「月球首
都第谷坑」。

月球基地在2100年將發展為有1萬人在上面工作的城市

🚀 進入人類定居月球的時代

人類再次踏上月球，在上面建立探測基地後70年，也就是2100年前後，月球上的據點將發展為一座都市，並有1萬人在上面工作。科學家對月球都市的未來想像如下。

在月球開拓的初期，人們將繼續探勘資源。假如能依照預測在月面發現水資源，月球的開拓工作將會正規化。首先，人類會在月球上建造可從水資源提煉氧氣和氫氣的機械工廠，生產聯絡地球、月球門戶、以及月面的載貨火箭用的燃料。

月球都市對地球而言可以扮演何種角色？

1 為地球提供能源和地下資源的基地

●巨型太陽能發電廠
月球發電廠不會被天氣影響，可24小時發電，然後將電力轉換成微波送回地球。

在月球發電送回地球

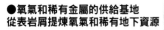
微波雷射

●用氦3進行核融合發電
月球表面的表岩屑中累積了很多來自太陽風的氦3，這種元素很有機會用於核融合發電。

●實現釷元素發電，並向地球送電
利用廣泛分佈於月面的釷元素來發案。目前正在研究不會產生廢料的清潔發電方法。

Th

●氧氣和稀有金屬的供給基地
從表岩屑提煉氧氣和稀有地下資源
覆蓋月球表面的表岩屑約有4成體積是氧。ESA正在研究加熱表岩屑提取氧氣的方法。

表岩屑
用熔鹽電解法加熱到950℃

提取氧氣後留下的副產物中含有各式各樣的合金

氧

過去想像的兩種月球都市類型

1 因為重力很弱，所以向上拉高的都市

2 為迴避危險的輻射而建在地下的都市

現代的設想
以地下都市為主流

假如燃料可在月球自給，就能減少從地球運送物資的成本，也能減少碳排放。接下來就要在月面建立大規模的工廠。第一個要建造的是可將強度是地球1.3倍的太陽能轉換成電力的巨型太陽能發電廠，然後用微波雷射將電力送往地球。除了太陽能發電外，在月球還能利用表岩屑中所含的氦3和釷來發電。從此月球將成為向地球提供能源的供應基地，扮演重要角色。

月球都市的另一個重要功能，是作為人類向太陽系發進的起點基地。從沒有大氣層，重力也只有地球6分之1的月球起飛，所需的燃料遠比地球低得多。相信月球都市將成為2050年代開始正規化的火星開拓任務的大本營。

若未來以量制價降低火箭的發射成本，月球說不定會成為人類的熱門觀光景點也說不定。

2 太空船的燃料供給基地
火箭最重的貨物就是燃料。若要從地球前往外太空，在月球補給燃料最適合。

液態氧　液態氫

氧　氫

H₂O

水就是宇宙中的「油」

3 前往太陽系行星，以及前進銀河的起點基地
從重力很弱，又沒有空氣阻力的月球起飛，所需的能量遠比地球少得多。

4 太空的資源儲藏和加工中心
將從各個行星、小行星採覺得資源存放在月球，進行精煉等加工後再送回地球。

Trip to Moon

5 地球人的新熱門觀光景點
1950年代描繪的月球觀光火箭。這副景象化為現實的那天即將來臨。

Part 4
航向太陽系的更遠處 ①

飛向紅色行星火星！
半世紀無人探測的軌跡

🚀 無人探測機陸續登陸火星

不論在哪個時代，火星在人類心目中都有獨特的地位。這顆鄰近地球的赤色行星可以直接用肉眼看見，挑逗了我們對宇宙的憧憬和想像。因此有很長一段時間，火星人跟

人類最早投入火星軌道並拍下火星面貌，值得紀念的探測機。

（右照）
人類最早拍到的火星撞擊坑

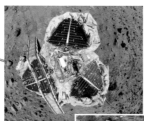

搭載史上第一個在火星地面行駛的小型探測車「拓荒者號」的火星探測機

ESA

ESA的第一個火星探測機。投下的登陸艙雖然著陸失敗，但母機如今仍在繞行軌道上繼續探測

從火星繞行軌道進行精密探測的多用途探測機

右邊這張照片即為火星塵旋風

| 1964年 水手4號 | 1975年 海盜1號、2號 | 1996年 火星拓荒者號 | 2001年 火星奧德賽號 | 2003年 火星快車號 | 2003年 機會號精神號 | 2005年 火星偵查軌道衛星 | 2011年 好奇號 | 2018年 洞察號 |

第一個登陸火星的探測機。登陸在克律塞平原

（下照）探測機在地表拍下的全景照片

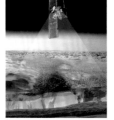

探索火星的地下，並在高緯度的地下發現存在大量的冰

可自主行駛的探測機。14年間一直在調查火星的地質

左上照片中的岩石顯示了水存在過的痕跡

探測火星是否可能有生命並探測其痕跡的探測車。在地下發現了有機物存在

為研究火星的地質演化，裝載了地震計、熱探針的探測登陸艇。可感知火星的地震

前往火星約200天的飛行路線

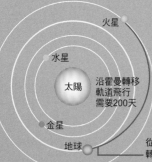

火星
水星
太陽
金星
地球

沿霍曼轉移軌道飛行需要200天

從這裡發射火箭，就能從地球軌道轉移到火星軌道。

所謂的霍曼轉移軌道，就是從一顆行星的公轉軌道移動到另一條行星公轉軌道的軌道。由於火星的公轉軌道是橢圓形，所以要朝離地球相對最近的位置飛行。這個時機每25個月才會出現一次
注：本圖經過簡化，故全部都畫成圓形。

比較地球和火星

直徑　679km
（約地球的一半）

質量　　地球的10分之1
重力　　約地球的38%
1天的長度　相當於地球的24小時又40分鐘
1年的長度　地球23.5個月

季節　　冬天嚴寒，夏天寒冷
大氣濃度是地球的10分之1
與地球的距離
近地點為5500萬公里
遠地點為4億公里

外星人被視為同義詞。

然而，後來科學家發現那顆行星其實是一片荒蕪的大地，別說是火星人了，根本就沒有任何生物存在。我們能發現這個事實，都得歸功於距今50多年前由火星探測機「水手4號（Mariner 4）」拍下的一張照片。自那以來，直到2021年為止，將失敗和成功的任務全部加起來，人類一共向火星發射了約40台無人探測機。其中主要的探測任務如下圖所示。

自1976年NASA的「海盜1號（Viking 1）」首次登陸火星以來，「機會號」、「好奇號」、「洞察號」和可自主移動的探測車相繼在火星的各個地點發現了水曾經存在的痕跡和有機物，接力完成了劃時代的探測活動。

而如今，載人探測太空船前往火星的時代終於到來。再次激發了人類過去對火星的各種想像。

阿聯的火星探測機「希望號」（阿拉伯語：al-Amal）

火箭最重的貨物就是燃料。若要從地球前往外太空，在月球補給燃料最適合。

中國的火星探測器「天問1號」

CNSA

中國第一台火星探測器。路面探測車正在調查火星的地形、地質、氣候等各種層面的資料。

2021年有3個國家的探測器來到火星

北極

2021年

艾斯克雷爾斯山

坦佩高地

卡塞谷

阿西達利亞平原

塔爾西斯山群

沙羅諾夫撞擊坑

克律塞平原

海盜1號登陸地點

帕弗尼斯峽谷

盧娜高原

克珊忒高地

提托諾斯湖

諾克提斯迷宮

水手號谷

米拉斯峽谷

卡普里桌山

阿爾西亞山

敘利亞山

水手號峽谷

敘利亞高原

西奈高原

克拉里塔斯槽溝

太陽高原

博斯普魯斯高原

厄俄斯峽谷

阿耳古瑞平原

除特別標註者外，所有照片皆來自NASA公開資料

美國「毅力號」和「機智號」

「毅力號」

美國的2020火星計劃

由探測機「毅力號」和火星直升機「機智號」組成，目的是調查火星過去是否曾經存在生命。

直升機「機智號」

Part 4
航向太陽系的更遠處 ②

載人**火星**旅行的有力候補
民間火箭「SpaceX 星艦」

🚀 用200天從地球前往火星

那架火箭就彷彿一隻巨大的銀色烏賊。火箭從高空降下，徐徐擺正姿勢，用推進器抵消重力，然後緩緩降落到地面。看上去簡直就像用電腦動畫製成的科幻電影情節。

這架火箭就是美國SpaceX公司為前往火星而開發的「星艦」。在該公司的公開影片中見證了這場成功著陸實驗的人們，就像被吸進了科幻世界一樣，全都大為震撼。

「星艦」是SpaceX公司的創辦者伊隆·馬斯克自2010年代主持研發至今的超大型雙

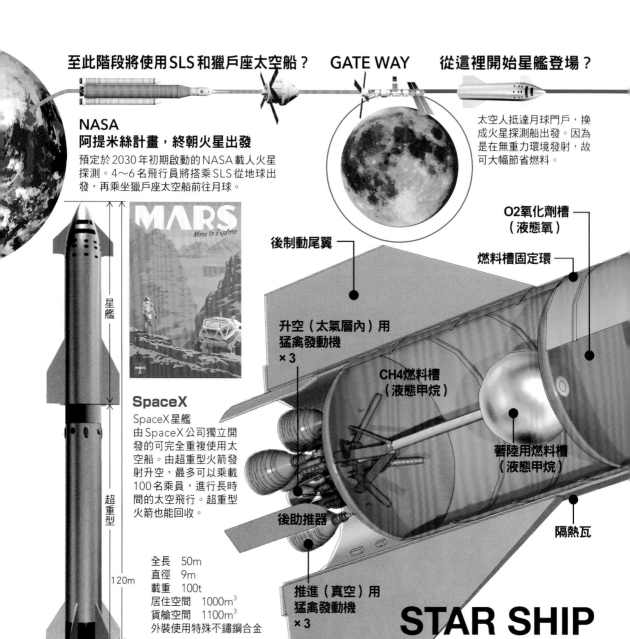

至此階段將使用SLS和獵戶座太空船？   **GATE WAY**   **從這裡開始星艦登場？**

NASA
阿提米絲計畫，終朝火星出發
預定於2030年初期啟動的NASA載人火星探測。4～6名飛行員將搭乘SLS從地球出發，再乘坐獵戶座太空船前往月球。

太空人抵達月球門戶，換成火星探測船出發。因為是在無重力環境發射，故可大幅節省燃料。

MARS
More to Explore

SpaceX
SpaceX星艦由SpaceX公司獨立開發的可完全重複使用太空船。由超重型火箭發射升空，最多可以乘載100名乘員，進行長時間的太空飛行。超重型火箭也能回收。

星艦

超重型

120m

全長	50m
直徑	9m
載重	100t
居住空間	1000m³
貨艙空間	1100m³

外裝使用特殊不鏽鋼合金

後制動尾翼

升空（太氣層內）用猛禽發動機 ×3

CH4燃料槽（液態甲烷）

後助推器

推進（真空）用猛禽發動機 ×3

O2氧化劑槽（液態氧）

燃料槽固定環

著陸用燃料槽（液態甲烷）

隔熱瓦

STAR SHIP

節火箭。由第一節的推進器「超重型（Super Heavy）」和第二節的太空船「星艦」組成，全長達120公尺，是世界最長的火箭。根據該公司的說法，太空船的部分最多可乘載100名人員或100噸貨物，若以地球和火星的最短距離5500萬公里來算，大約只要200天就能到達。

　　NASA將載人火星探測視為「阿提米絲計畫」的最大目標，並宣布將在2030年代初期開始實施。屆時使用的太空船雖然還沒正

式決定，但「星艦」是有力候補。下圖是假定「星艦」被選為此計畫使用的太空船，從發射到登陸火星的想像。

　　「星艦」預定也將用於民間旅行，SpaceX公司也宣佈要在2023年載一批日本企業家實現環月球旅行。

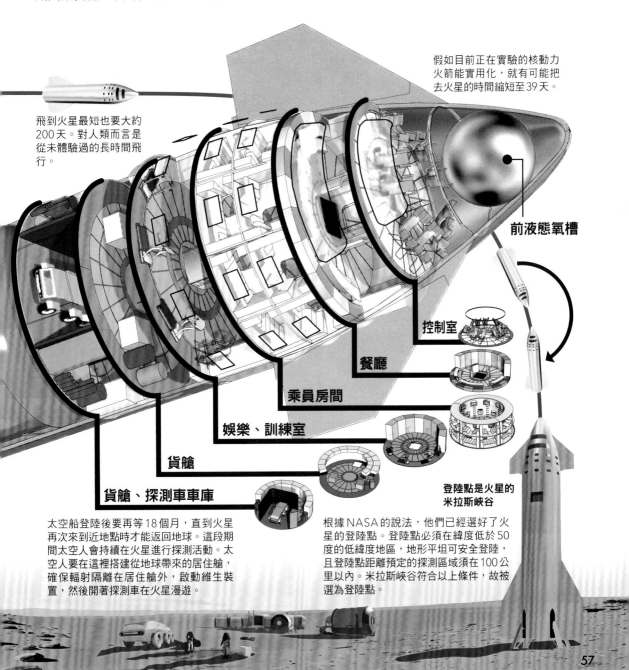

假如目前正在實驗的核動力火箭能實用化，就有可能把去火星的時間縮短至39天。

飛到火星最短也要大約200天。對人類而言是從未體驗過的長時間飛行。

前液態氧槽

控制室

餐廳

乘員房間

娛樂、訓練室

貨艙

貨艙、探測車車庫

太空船登陸後要再等18個月，直到火星再次來到近地點時才能返回地球。這段期間太空人會持續在火星進行探測活動。太空人要在這裡搭建從地球帶來的居住艙，確保輻射隔離在居住艙外，啟動維生裝置，然後開著探測車在火星漫遊。

登陸點是火星的米拉斯峽谷

根據NASA的說法，他們已經選好了火星的登陸點。登陸點必須在緯度低於50度的低緯度地區，地形平坦可安全登陸，且登陸點距離預定的探測區域須在100公里以內。米拉斯峽谷符合以上條件，故被選為登陸點。

移居**火星**的人類將住在模擬地球環境的圓頂都市

火星都市將在22世紀誕生？

距離載人火星旅行還有大約10年的時間。而在火星旅行完成後，預定下一步就是移民火星。

在「阿提米絲計畫」前往火星的太空人們將在火星住上18個月。這是因為必須等待地球和火星公轉到最適當的位置，用最短距離返回，以節省燃料。所以參與火星探測任務的太空人不得不長時間滯留在火星，而未來長住在火星進行探測、研究的人也將愈來愈多。

在火星移民的初期，太空人們為了活下去，必須躲避宇宙輻射，住在地下庇護所

1 移民初期

首先為了活下去，建造小型的庇護所

為躲避輻射，人類要住在地下的庇護所

與地球的通訊延遲約有3～22分鐘

最初水、氧、氫、資材都從地球運送

能源供應有望仰賴超小型核反應爐

可培育地球植物的植物工廠是最重要的設施

然後持續探勘尋找水資源

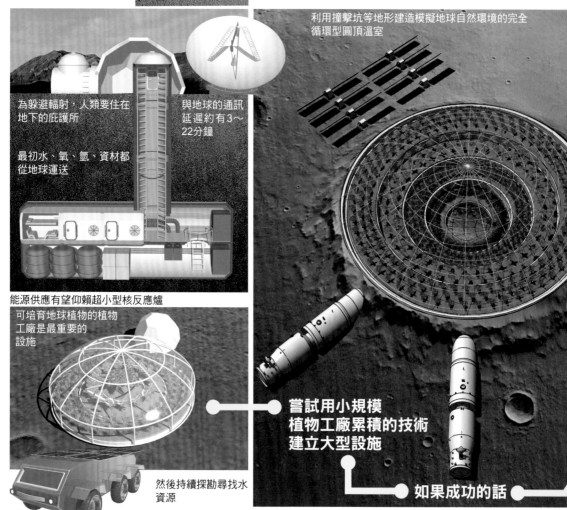

2 移民中期

建立地下設施網路和迷你地球環境圓頂

利用撞擊坑等地形建造模擬地球自然環境的完全循環型圓頂溫室

嘗試用小規模植物工廠累積的技術建立大型設施

如果成功的話

內。一如48～49頁看過的，這座地下庇護所首先需要一個封閉式循環型維生系統。而在下一個階段，則需要建造一個可自給自足的植物工廠。初期會先建造小型的實驗設施，利用陽光在溫室內模擬地球的環境，然後尋找最適合栽種的植物種類與養殖方法。

2050年之後，人們會根據實驗設施得到的成果，在庇護所的外環建造更大型的植物工廠。這座大型農場的土壤、水文、空氣都會調整成類似地球環境，讓人類也能居住。像這樣將地球外的天體的一部份，改造成類似地球這樣可供人類生存的環境，就叫做「仿地球化工程（Paraterraforming）」[註]。

到了2100年代，為滿足逐漸增加的火星移民人數，人類將建造巨大的圓頂城市，讓人們可在仿地球的環境中用跟地球人一樣的方式生活。最終人類可用巨大圓頂包住整個火星，把火星變成第二個地球——甚至有科學家如此提議。

註：所謂地球化工程（Terraforming）與仿地球化工程（Paraterraforming）的區別：前者是將整個行星改造成與地球相同的環境，後者是在地外行星隔離出一塊區域，只在隔離區域中模擬地球環境。

3 移民完成期
火星地表出現仿地球化都市

SpaceX公司的伊隆·馬斯克等人提倡對火星進行地球化工程，在火星進行核爆，引發全球暖化效應使火星氣候變溫暖，但目前支持該方法的科學家很少

用巨大圓頂罩住火星的地表，在內部創造人類可生存環境的仿地球化工程概念漸成主流

火星地表巨大圓頂中的地球。圖片是印度報紙「新印度時報」刊登的仿地球化都市的想像圖

人類可像在地球時一樣生活

就展開覆蓋整座都市的仿地球化工程

地面設施利用火星的土壤當建材，由機器自動建造

圓頂內部的大氣組成和氣壓與地球相同

支柱高度為1000公尺

複製地球的植物生態

人類為解開**太陽**之謎而發射的觀測衛星和探測器

在太陽系中心閃耀的太陽

太陽是太陽系中唯一一個會自己發光的天體（恆星）。如右下方的圖所示，太陽系內有8個行星，與太陽的距離由近至遠依序是水星、金星、地球、火星、木星、土星、天王星、海王星，每個行星都一邊自轉一邊繞著太陽公轉。

地球與太陽的距離約為1億4960萬公里。這個距離被定義為1個天文單位（astronomical unit：符號為au），用於表示太陽系天體間的距離。例如離太陽最遠的行星——海王星與太陽的距離約45億440萬公里＝30.1au，可知約等於太陽和地球距離的30倍。

挑戰接近超高溫的太陽

人類自遠古時代便崇拜著賜予大地光明和溫暖的太陽，並試圖解開太陽的謎團。自1960年代以後，為了更仔細地觀測太陽，科學家們開始向太陽發射人工衛星和探測器。右圖是近年主要的觀測衛星和探測器。

不同於月球和火星的探測任務，要靠近超高溫度的太陽並不容易。所以，為了從嚴酷的環境中保護探測器，科學家開發出了強力的耐熱材料。

由歐洲太空總署主持研發的「太陽軌道載具（Solar Orbiter）」，在2020年成功接近到離太陽7700萬公里處並拍下照片。NASA的「派克太陽探測器（Parker Solar Probe）」也規劃要在2024年挑戰接近到離太陽600萬公里的最近距離。

主要的觀測衛星和探測器

日本的觀測衛星也很活躍

1991-2001 太陽觀測衛星 **陽光號**	日本前文部省宇宙科學研究所開發的觀測衛星。用X射線望遠鏡觀測並測量到太陽閃焰，取得重大成果。
2006至今 太陽觀測衛星 **日出號**	JAXA和日本國立天文台合作開發，搭載高精度望遠鏡的太陽觀測衛星。相當於太陽軌道上的太陽天文台，為全球研究者提供許多幫助。

NASA、ESA等機構的太陽觀測衛星和探測器

1974-1986 太陽探測器 **太陽神號**	西德與NASA共同開發的太陽探測器系列。有1號和2號機。是史上第一個進入水星軌道內側觀測太陽的衛星。
1995至今 太陽和太陽圈探測器 **SOHO**	ESA和NASA共同開發的太陽觀測機。在太陽和地球之間用巨大的橢圓軌道飛行，可觀測太陽風來預報太陽閃焰的發生。
2018至今 太空和太陽探測器 **派克太陽探測器**	NASA與約翰·霍普金斯大學共同開發的太陽探測機。可接近到離太陽600萬公里處，研究太陽表面的活動和太陽風的發生機制。2024年將最接近太陽。
2020至今 太陽觀測衛星 **太陽軌道載具**	ESA開發的太陽觀測衛星。將前往觀測從地球難以觀測到的太陽極地方向，研究太陽風和磁場產生的機制，以及太陽活動與太陽圈的原理。

太陽系的距離基準

1au＝1天文單位
以地球到太陽的距離為基準，
約1億4960萬公里

太陽 — 水星 (約0.4au)
— 金星 (約0.7au)
— 火星 (約1.5au)
地球 (1au)
— 木星 (約5.2au)

太陽底下50萬公里深處有個核融合反應爐

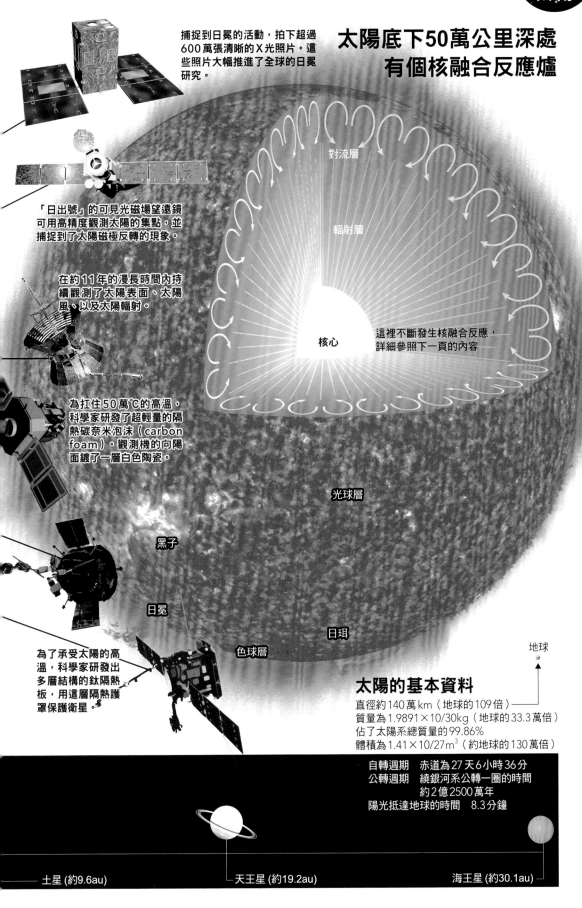

捕捉到日冕的活動，拍下超過600萬張清晰的X光照片。這些照片大幅推進了全球的日冕研究。

「日出號」的可見光磁場望遠鏡可用高精度觀測太陽的黑點，並捕捉到了太陽磁極反轉的現象。

在約11年的漫長時間內持續觀測了太陽表面、太陽風、以及太陽輻射。

為扛住50萬℃的高溫，科學家研發了超輕量的隔熱碳奈米泡沫（carbon foam）。觀測機的向陽面鍍了一層白色陶瓷。

為了承受太陽的高溫，科學家研發出多層結構的鈦隔熱板，用這層隔熱護罩保護衛星。

對流層

輻射層

核心

這裡不斷發生核融合反應，詳細參照下一頁的內容

光球層

黑子

日冕

色球層

日珥

地球

太陽的基本資料

直徑約140萬km（地球的109倍）
質量為$1.9891×10/30kg$（地球的33.3萬倍）
佔了太陽系總質量的99.86%
體積為$1.41×10/27m^3$（約地球的130萬倍）

自轉週期　赤道為27天6小時36分
公轉週期　繞銀河系公轉一圈的時間
　　　　　約2億2500萬年
陽光抵達地球的時間　8.3分鐘

土星 (約9.6au)　　　　　天王星 (約19.2au)　　　　　海王星 (約30.1au)

太陽靠核融合燃燒並不斷吹出高熱的太陽風

🚀 保護地球不受太陽風侵襲的磁場

太陽大約誕生於46億年前。太陽是由氫氣集結而成的巨大星體，核心不斷發生核融合反應，所以才會如此光輝閃亮。所謂的核融合就是輕元素原子結合變成重元素原子。太陽主成份是氫，而4個氫原子會結合變成一個氦4原子，並在過程中產生龐大的能量。然而，這個能量不會永遠維持下去，科學家估計太陽再過約50億年就會耗盡所有氫原子，最後死亡消滅。

太陽大氣的最外層俗稱「日冕」。日冕平常無法用肉眼觀察，但當月亮遮住太陽發生日全蝕時，太陽周圍那白白的光圈就是日冕。日冕的溫度高達100萬℃，且會不斷放出電漿（帶電粒子的氣體），形成秒速超過400公里的「太陽風」，噴向太陽系。太陽風可觸及的範圍叫做「太陽圈」，而受太陽重力影響的範圍叫「太陽系」，太陽系的範圍比太陽圈更大。

太陽風也含有宇宙射線，生物若被直接照射到就會死亡。地球上的我們之所以能活得好好的，是因為有地球磁場在抵擋太陽風。除了地球之外，俗稱「類木行星」的氣體行星（木星、土星、天王星、海王星）也都擁有磁場。而由岩石組成的「類地行星」中，火星和金星就沒有磁場，水星也只有很微弱的磁場。

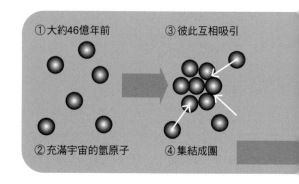

① 大約46億年前
② 充滿宇宙的氫原子
③ 彼此互相吸引
④ 集結成團

太陽風的構造與太陽系

核心溫度
1600萬℃
表面溫度
6000℃

日冕溫度
高達100萬度℃

太陽風
秒速300～900k

水星和金星皆沒有磁場或
磁場太弱，導致大氣層被
太陽風破壞　●　　　●
　　　　　　水星　　金星

熱能

放出的電漿就成為太陽風

太陽的光就是電漿的光

溫度			超高溫
固體	液體	氣體	電漿

物質的形態會隨溫度改變，
加熱到最後就變成電子游離的電漿態

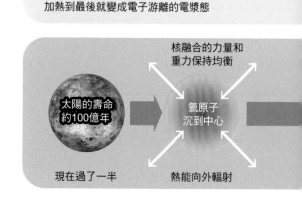

核融合的力量和
重力保持均衡

太陽的壽命
約100億年

氦原子
沉到中心

現在過了一半

熱能向外輻射

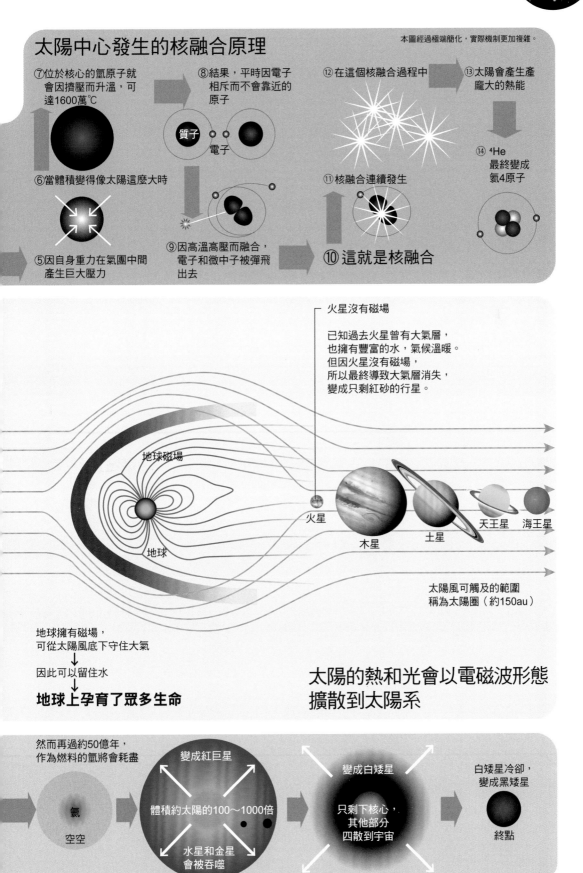

太陽中心發生的核融合原理

本圖經過極端簡化，實際機制更加複雜。

⑦位於核心的氫原子就會因擠壓而升溫，可達1600萬℃

⑧結果，平時因電子相斥而不會靠近的原子

質子　電子

⑥當體積變得像太陽這麼大時

⑤因自身重力在氣團中間產生巨大壓力

⑨因高溫高壓而融合，電子和微中子被彈飛出去

⑫在這個核融合過程中

⑪核融合連續發生

⑩這就是核融合

⑬太陽會產生產龐大的熱能

⑭⁴He 最終變成氦4原子

火星沒有磁場

已知過去火星曾有大氣層，也擁有豐富的水，氣候溫暖。但因火星沒有磁場，所以最終導致大氣層消失，變成只剩紅砂的行星。

地球磁場

地球

火星　木星　土星　天王星　海王星

太陽風可觸及的範圍稱為太陽圈（約150au）

地球擁有磁場，可從太陽風底下守住大氣
↓
因此可以留住水

地球上孕育了眾多生命

太陽的熱和光會以電磁波形態擴散到太陽系

然而再過約50億年，作為燃料的氫將會耗盡

變成紅巨星

體積約太陽的100～1000倍

水星和金星會被吞噬

氦　空空

變成白矮星

只剩下核心，其他部分四散到宇宙

白矮星冷卻，變成黑矮星

終點

Part 4
航向太陽系的更遠處 ⑥

最接近太陽的**水星**
是還沒探測完的小行星

🚀 晝夜溫差590℃

水星是太陽系中最靠近太陽，半徑只有地球約5分之2的嬌小行星。水星的自轉很慢，白天有88天，夜晚也有88天，且幾乎不存在可緩和太陽熱量的大氣，因此表面溫度可在430℃到－160℃間變化。

由於接近太陽，因此很難探測，過去曾成功探測水星的任務只有NASA的行星探測器「水手10號」和水星探測器「信使號」。2018年JAXA和歐洲太空總署（ESA）發射了水星探測器「貝皮可倫坡號」，預計將在2025年到達水星。

主要的觀測衛星和探測器

日本前文部省宇宙科學研究所開發的觀測衛星。用X射線望遠鏡觀測並測量到太陽閃焰，取得重大成果。

水手10號來到距離水星327公里處進行觀測，讓人類認識了水星嚴酷的環境。

水手10號的發現1
水星的自轉速度非常慢，要花地球時間59天才能轉一圈。

水手10號的發現3
沒有陽光的夜晚極度寒冷，夜間溫度為－160℃。

卡洛里盆地

水手10號的發現2
因為是最接近太陽的行星，白天溫度高達430℃。

照片是信使號 ▶ 拍到的水星

表面陰影區的移動速度也很慢，只有時速3.5公里。用走的就能躲過陽光。

水星的地殼構造
地函（矽酸鹽）
地核（鐵、鎳合金）
稀薄的大氣

2011年，第二台探測器信使號抵達水星。

NASA的水星探測器信使號成功觀測了水星的物質組成、磁場、地形、大氣成分等等。

2015年墜落水星，停止活動。

水星的基本資料
直徑	4880km（地球的0.4倍）
質量	地球的18分之1
重力	地球的0.38倍
公轉週期	88天
自轉週期	59天
大氣成分	氫、氦、氧、鈉、鉀、鈣等
衛星數量	0

水星擁有一個佔半徑70%以上，由堅硬的鐵組成的核心。其表面類似月球，充滿無數的撞擊坑。其中包括直徑1550公里，太陽系中最大級的卡洛里盆地。

Part 4
航向太陽系的更遠處 ⑦

被厚雲覆蓋的**金星**
冷戰下美蘇的探測競賽

🚀 太陽系中最明亮的行星

金星是太陽系最明亮的行星。這是因為金星表面覆蓋著濃厚的雲層，可以反射太陽光。因為清晨和黃昏時都能用肉眼清楚看到金星，所以古時候金星又被叫做「太白」或「明星」。金星的自轉速度比水星更慢，上層大氣卻長年吹拂著俗稱「超旋轉（super-rotation）」的秒速100公尺強風。

人類最早的金星探測任務，是蘇聯在1961年啟動的「金星計畫」。不久後美國也開始「水手計畫」，金星之謎也在美蘇競爭下逐漸解開。

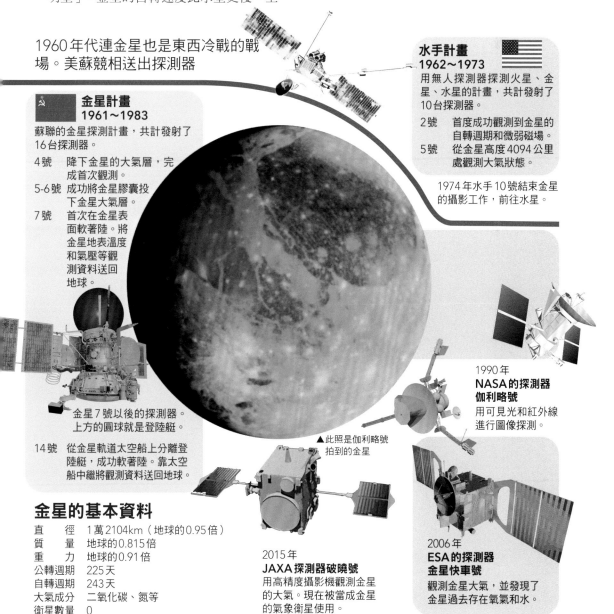

1960年代連金星也是東西冷戰的戰場。美蘇競相送出探測器

水手計畫
1962～1973

用無人探測器探測火星、金星、水星的計畫，共計發射了10台探測器。

2號　首度成功觀測到金星的自轉週期和微弱磁場。

5號　從金星高度4094公里處觀測大氣狀態。

1974年水手10號結束金星的攝影工作，前往水星。

金星計畫
1961～1983

蘇聯的金星探測計畫，共計發射了16台探測器。

4號　降下金星的大氣層，完成首次觀測。

5-6號　成功將金星膠囊投下金星大氣層。

7號　首次在金星表面軟著陸。將金星地表溫度和氣壓等觀測資料送回地球。

金星7號以後的探測器。上方的圓球就是登陸艇。

14號　從金星軌道太空船上分離登陸艇，成功軟著陸。靠太空船中繼將觀測資料送回地球。

1990年
NASA的探測器伽利略號

用可見光和紅外線進行圖像探測。

▲ 此照是伽利略號拍到的金星

金星的基本資料

直　　徑	1萬2104km（地球的0.95倍）
質　　量	地球的0.815倍
重　　力	地球的0.91倍
公轉週期	225天
自轉週期	243天
大氣成分	二氧化碳、氮等
衛星數量	0

2015年
JAXA探測器破曉號

用高精度攝影機觀測金星的大氣。現在被當成金星的氣象衛星使用。

2006年
ESA的探測器金星快車號

觀測金星大氣，並發現了金星過去存在氧氣和水。

即使是灼熱地獄的**金星**在雲層底下也能住人

🚀 因究極溫室效應而產生的灼熱地獄

金星和地球的大小、重力、結構都很相似，被形容是雙胞胎兄弟。然而，金星的地表溫度高達460℃，完全不適合生物生存。為什麼金星的溫度這麼高呢？

在金星上空約45～70公里的範圍存在著濃厚的硫酸雲，覆蓋著整顆行星。來自太陽的熱量會被這個雲層阻隔，只有少部分能到達地表。然而，金星的大氣約有96%是二氧化碳（CO_2），具有強力的「溫室效應」，可將僅有的太陽熱量鎖在地表，令氣溫上升。

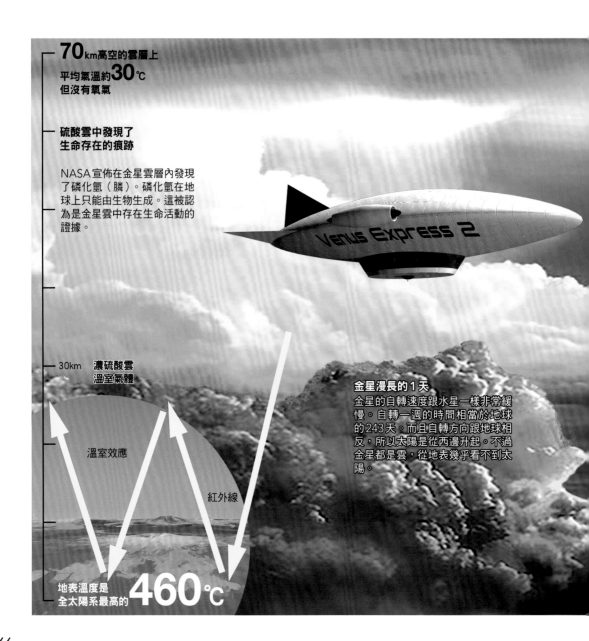

70km高空的雲層上
平均氣溫約**30**℃
但沒有氧氣

硫酸雲中發現了生命存在的痕跡

NASA宣佈在金星雲層內發現了磷化氫（膦）。磷化氫在地球上只能由生物生成。這被認為是金星雲中存在生命活動的證據。

30km　濃硫酸雲
溫室氣體

金星漫長的1天
金星的自轉速度跟水星一樣非常緩慢。自轉一週的時間相當於地球的243天。而且自轉方向跟地球相反，所以太陽是從西邊升起。不過金星都是雲，從地表幾乎看不到太陽。

溫室效應

紅外線

地表溫度是全太陽系最高的 **460**℃

雖然地球現在也因為二氧化碳上升而發生暖化，但地球大氣中的二氧化碳只佔0.04%。與地球相比，金星的二氧化碳含量多上幾千倍，可想而知溫室效應有多麼強烈。

🚀 漂浮在50公里高空的空中都市

長久以來，人們都認為環境嚴酷的金星不存在生命。但2020年，NASA在金星的雲層中發現一種叫磷化氫的物質。因為磷化氫是由生命活動產生的，所以科學家認為金星上有可能存在生命。

實際上，金星只有地表的環境惡劣，在高空約50公里的雲層內，氣溫約為20℃，氣壓也跟地球一樣是1大氣壓。所以現在認為人類是有可能住在金星高空的。

下面的插畫就是人類移民金星的想像圖。由於地表太過炎熱無法利用，所以科學家認為可以把飛行船送到大氣層內懸浮在高空，讓人們在空中都市內生活。

人類在金星的生活圈是靠氣球浮懸浮的空中都市

有一派科學家認為人類若要移民地外行星，金星會比火星更合適。多虧了濃厚的大氣，金星不像火星存在危險的輻射線，而且氣溫也更加宜人。然而地表不適合居住，要移民的話，應該會在高空生活。

沒能成為太陽的巨大氣體行星
連衛星都充滿個性的**木星**

🚀 木星的衛星有火山也有海洋

木星的直徑達地球的11倍，是太陽系中最巨大的行星。跟太陽一樣，木星是個幾乎全由氫氣組成的氣團，但不像太陽會自己發光。假如木星的質量（物體所含的物質量）比現在再大上80倍，氫氣就會發生核融合反應，變成第二顆太陽。

木星的表面有茶褐色的橫紋。這是因為木星的自轉速度很快，存在著朝各種不同方向吹拂的強風。另外，木星周圍至今已發現79顆衛星。其中木衛一埃歐、木衛二歐羅巴、木衛三蓋尼米德、木衛四卡利斯多是由17世紀的義大利天文學家伽利略·伽利萊發現的，所以這四顆衛星又被稱為伽利略衛星。

自1970年代以來，NASA便多次探索木星，發現了木衛一上存在火山，木衛二的冰層下存在海洋，陸續發現生命存在的可能性。

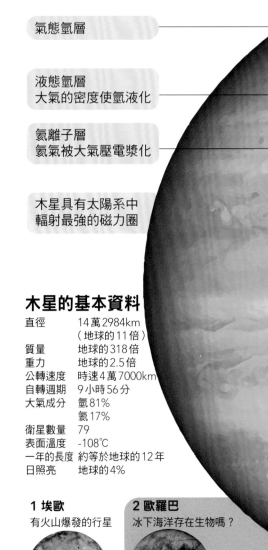

氣態氫層

液態氫層
大氣的密度使氫液化

氦離子層
氦氣被大氣壓電漿化

木星具有太陽系中輻射最強的磁力圈

木星的基本資料

直徑	14萬2984km（地球的11倍）
質量	地球的318倍
重力	地球的2.5倍
公轉速度	時速4萬7000km
自轉週期	9小時56分
大氣成分	氫81% 氦17%
衛星數量	79
表面溫度	-108℃
一年的長度	約等於地球的12年
日照亮	地球的4%

伽利略發現的木衛四兄弟

伽利略·伽利萊
（1564～1642）

伽利略用自製的望遠鏡發現了繞著木星公轉的4顆衛星。據說就是這項發現令他相信地動說才是正確的。他發現的這四顆衛星被命名為埃歐、歐羅巴、蓋尼米德、卡利斯多，俗稱伽利略衛星。

1 埃歐
有火山爆發的行星

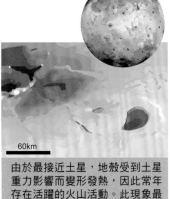

60km

由於最接近土星，地殼受到土星重力影響而變形發熱，因此常年存在活躍的火山活動。此現象最早由航海家1號觀測到。照片是伽利略號探測器拍下的熔岩流。

2 歐羅巴
冰下海洋存在生物嗎？

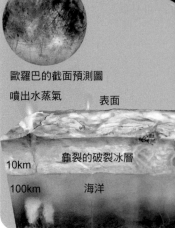

歐羅巴的截面預測圖

噴出水蒸氣

表面

10km

100km

龜裂的破裂冰層

海洋

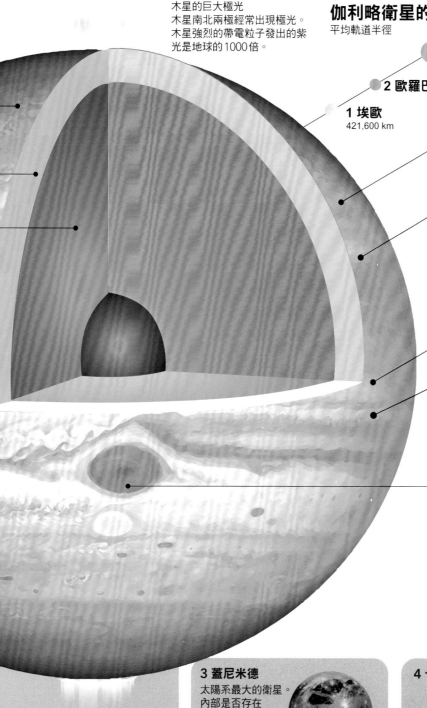

木星的巨大極光
木星南北兩極經常出現極光。木星強烈的帶電粒子發出的紫光是地球的1000倍。

伽利略衛星的軌道
平均軌道半徑

4 卡利斯多
1,883,000 km

3 蓋尼米德
1,070,000 km

2 歐羅巴 670,900 km

1 埃歐
421,600 km

表面雲層
（推估有50km）

在這巨大的氣體行星上常年吹著時速超過320km的暴風

帶
與自轉方向相反的噴射氣流雲。顏色較暗，俗稱帶（belt）。

區
亮色的高層噴射氣流，俗稱區（zone），與自轉方向相同。

大紅班
寬達1萬9000公里，可以塞進整顆地球的巨大氣旋風暴。在300年前發現。

2019年11月，NASA的科學家確認到木衛二的冰層有大量水蒸氣噴出。因此推測冰面下存在海洋。假如這片海洋的海底存在熱源，就有可能也存在生物。2025年NASA規劃要將探測器送上木衛二。

3 蓋尼米德
太陽系最大的衛星。內部是否存在液態海洋？

木星衛星中唯一跟地球一樣有金屬內核和磁場的行星。日本JAXA木星探測任務的主要目標。探測機「JUICE」正在進行繞行探測，調查內部有無海洋及其組成、地質活動史、以及磁場。

4 卡利斯多

預期殘留有太陽系早期形成木星的物質化石，是太陽系第3大衛星。「JUICE」預計會對該衛星進行近距離探測，調查衛星上的冰組成和內部狀態等資料，取得木星形成時的線索。

擁有美麗星環的**土星**
衛星上可能存在生命

🚀 星環的真面目是冰塊和岩粒

土星因擁有在地球上肉眼可見的行星中最大、最美麗的星環（ring）而聞名。這條神祕星環的真面目，其實冰塊和岩石的碎粒。1675年，義大利出身的天文學家卡西尼發現土星環並非單一一條，而是由好幾條組成，環帶和環帶間存在空隙。由於這項發現，土星環中最寬的那條空隙就被命名為「卡西尼環縫」。

土星有著跟木星十分相似的特徵，都是幾乎由氫氣組成的氣體行星。且土星是太陽

土星環是怎麼形成的？

土星美麗星環的成因，直到不久前都還是個謎題。但根據最近的研究，最有力的說法是來自太陽系外的小天體被土星的巨大重力破壞而成。

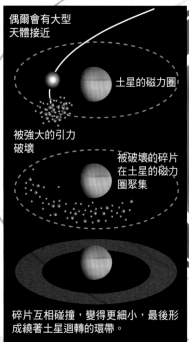

偶爾會有大型天體接近

土星的磁力圈

被強大的引力破壞

被破壞的碎片在土星的磁力圈聚集

碎片互相碰撞，變得更細小，最後形成繞著土星迴轉的環帶。

NASA、ESA合作的土星探測器卡西尼號

土星的基本資料

直　　徑	12萬536km（地球的9倍以上）	
質　　量	地球的95倍	
自轉週期	地球時間的10小時14分	
公轉週期	地球時間的29.5年	
重　　力	約為地球的91%	
大　　氣	氫93%、氦5%、甲烷、氨	
衛星數量	82個	
從地球飛行所需時間	約3年	

卡西尼號
花了約20年時間持續觀查土星

1997年發射升空，2004年在土星繞行軌道上展開探測。
2004年12月放出探測器登陸土衛六，展開探測。
2006年，開始探測土衛二。確認地表有間歇泉噴發。發現了存在大量水的證據。
2006年7月，在土衛六的北極發現碳氫化合物的湖泊。
2006年10月，在土星的北極發現六角形颶風形成的漩渦。
至2009年為止已發現6顆新衛星。
2017年，退役，墜入土星大氣層。
服務期間共拍攝了453048張照片。
總飛行距離達79億公里，共有3948篇卡西尼號的探測文章刊載載科學雜誌上。

系僅次於木星的第2大行星，周圍也發現了很多衛星，這兩點都跟木星很像。目前土星光已命名的衛星就有53顆，若把未確定的衛星也算進來則有85顆。

土星探測器卡西尼號的發現

人類最早的土星探測，是1979年來到土星附近的NASA行星探測器「先鋒11號」。1997年，NASA和歐洲太空總署（ESA）發射了以土星相關天文學家命名的土星探測器

「卡西尼號」，並在之後的20年間持續觀測土星及其衛星。

「卡西尼號」在2004年12月25日將探測器「惠更斯號」投入土衛六，並於隔年1月14日成功完成著陸，發現土衛六上存在由甲烷形成的河流和巨大湖泊。此外，在之後的觀測中，還發現土衛二上有些地方會噴發冰粒，且已經存在水和有機物，暗示了存在生命的可能性。

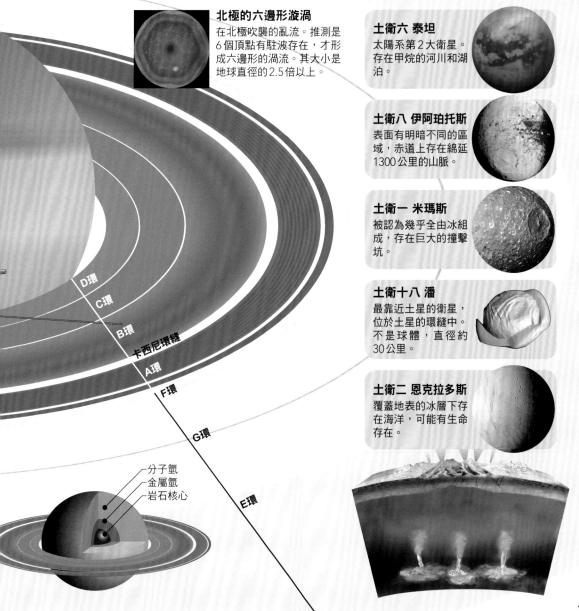

北極的六邊形漩渦
在北極吹襲的亂流。推測是6個頂點有駐波存在，才形成六邊形的渦流。其大小是地球直徑的2.5倍以上。

土衛六 泰坦
太陽系第2大衛星。存在甲烷的河川和湖泊。

土衛八 伊阿珀托斯
表面有明暗不同的區域，赤道上存在綿延1300公里的山脈。

土衛一 米瑪斯
被認為幾乎全由冰組成，存在巨大的撞擊坑。

土衛十八 潘
最靠近土星的衛星，位於土星的環縫中。不是球體，直徑約30公里。

土衛二 恩克拉多斯
覆蓋地表的冰層下存在海洋，可能有生命存在。

D環 C環 B環 卡西尼環縫 A環 F環 G環 E環

分子氫 金屬氫 岩石核心

Part 4 航向太陽系的更遠處 ⑪

由冰和氣體構成的藍色行星 躺著自轉的**天王星**

🚀 傾斜98度的冰與氣體之星

天王星跟土星一樣存在星環，但它的星環如下圖可見是豎著的。這是因為天王星的自轉軸傾斜了98度。目前認為這是天王星誕生時跟巨大天體發生衝撞所導致。

天王星的結構跟海王星很像。兩者皆由冰和氣體組成，由於大氣中的甲烷會吸收來自太陽的紅光，所以看起來是藍色的。目前接近過這兩顆行星的探測器只有NASA的「航海家2號」。

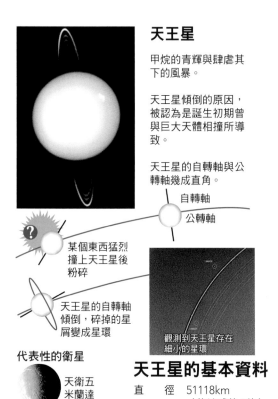

天王星

甲烷的青輝與肆虐其下的風暴。

天王星傾倒的原因，被認為是誕生初期曾與巨大天體相撞所導致。

天王星的自轉軸與公轉軸幾成直角。

自轉軸
公轉軸

某個東西猛烈撞上天王星後粉碎

天王星的自轉軸傾倒，碎掉的星屑變成星環

觀測到天王星存在細小的星環

代表性的衛星

天衛五
米蘭達

天衛一
埃瑞爾

天衛二
鳥姆柏里厄爾

天衛三
泰坦妮亞

天衛四
奧伯龍

天王星的基本資料

直 徑	51118km（約地球的4倍）
質 量	地球的14.5倍
自轉週期	17小時14分鐘
公轉週期	地球的84年
	與太陽的距離為24億7100萬km
重 力	與地球相近
大 氣	氫83% 氦15% 甲烷2%

上層大氣

氫、氦、甲烷組成的大氣

水、氨、甲烷組成的地函

矽、鐵、鎳組成的核心

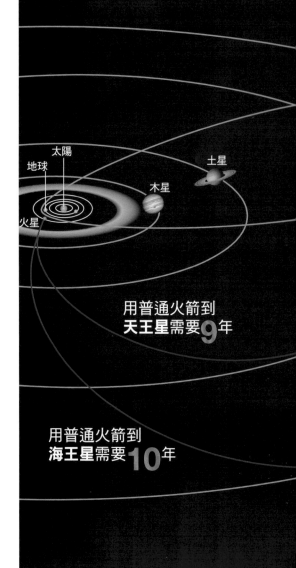

太陽
地球
土星
木星
火星

用普通火箭到**天王星**需要**9**年

用普通火箭到**海王星**需要**10**年

Part 4
航向太陽系的
更遠處
⑫

離太陽最遠的**海王星**
暴風吹襲的極寒世界

擁有逆行衛星特里同

海王星距離太陽約45億公里，是太陽系最外側的行星。由於離太陽遙遠，因此表面溫度只有－220℃，一片酷寒。但內部存在熱量，科學家認為核心溫度超過5000℃。此外，海王星的表面有強風吹拂，存在時隱時現的巨大黑斑。

在海王星的14顆衛星中，海衛一特里同是最大的那個，而且是個公轉方向跟海王星自轉方向相反的逆行衛星。其表面溫度推測只有－235℃，是太陽系最寒冷的衛星，但已發現存在因內部加熱而形成的火山活動。

海王星

最遙遠黑暗的
藍色氣體行星

風速為全太陽系最快

海王星表面覆蓋著濃厚的氫氣和氦氣，赤道的自轉軌道上常年吹襲著時速超過2000公里的暴風。這個暴風的漩渦有時會在海王星表面形成大黑暗。

海王星的基本資料

直　　徑	49528公里	
	（地球的3.9倍）	
質　　量	地球的17倍	
自轉週期	16小時6分鐘	
公轉週期	165年	
與太陽的距離		
	44億9500萬km	
重　　力	約地球的1.13倍	
大　　氣	氫80%	
	氦19%	
	微量的甲烷、水、氨	

氫、氦、甲烷組成的大氣

上層大氣

岩石核心

水、氨、甲烷組成的地函

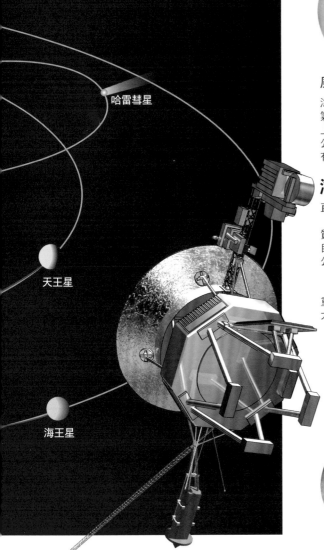

哈雷彗星

天王星

海王星

衛星公轉方向跟主星自轉方向相反，原因仍是謎

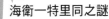

古柏帶

海王星

海衛一

海衛一特里同之謎

特里同是海王星最大的衛星。根據航海家2號的調查，推測地底下存在水。特里同原本是古柏帶上的行星，後來才被海王星捕獲。特里同的公轉軌道跟其他衛星不一樣，方向顛倒。

跨越**冥王星**和太陽系邊界
離開太陽系的航海家號

🚀 海王星的外側還存在無數天體

位於海王星更外側的冥王星發現於1930年，曾被列為太陽系第九大行星，但現在已被重新歸類為「矮行星」。2006年，天文學界更新了行星的定義，即使是體積巨大的天體，只要公轉軌道附近還有其他天體存在者，就會被歸類在「矮行星」。

1992年以後，天文學家發現冥王星附近還有無數同樣在海王星外側繞行的小天體。包含冥王星在內的這些天體統稱為「海王星外天體」，其中大部分又集中在俗稱古柏帶的圓盤區域中。

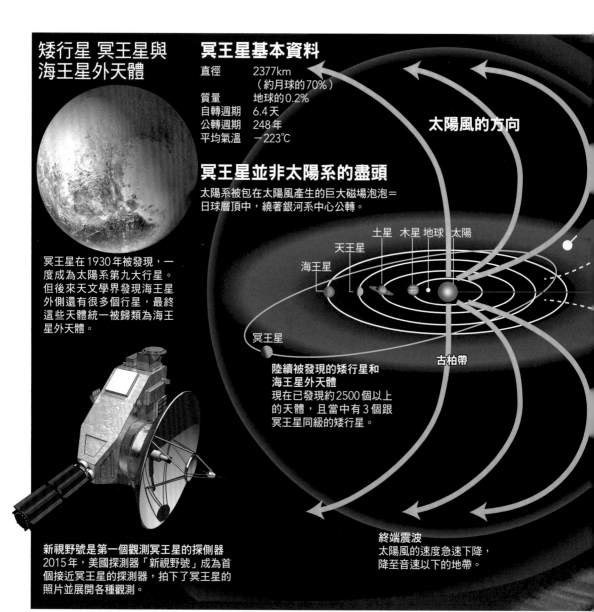

矮行星 冥王星與海王星外天體

冥王星基本資料

直徑	2377km（約月球的70%）
質量	地球的0.2%
自轉週期	6.4天
公轉週期	248年
平均氣溫	−223℃

太陽風的方向

冥王星並非太陽系的盡頭

太陽系被包在太陽風產生的巨大磁場泡泡＝日球層頂中，繞著銀河系中心公轉。

冥王星在1930年被發現，一度成為太陽系第九大行星。但後來天文學界發現海王星外側還有很多個行星，最終這些天體統一被歸類為海王星外天體。

土星 木星 地球 太陽
天王星
海王星
冥王星
古柏帶

陸續被發現的矮行星和海王星外天體
現在已發現約2500個以上的天體，且當中有3個跟冥王星同級的矮行星。

終端震波
太陽風的速度急速下降，降至音速以下的地帶。

新視野號是第一個觀測冥王星的探側器
2015年，美國探測器「新視野號」成為首個接近冥王星的探測器，拍下了冥王星的照片並展開各種觀測。

航海家號的行星之旅

1977年，NASA發射了行星探測器「航海家1號」及其姐妹機「航海家2號」，啟動了「航海家計畫」。因為當時正好是木星、土星、天王星、海王星180年一次的連珠時期，NASA便決定展開接力探索一系列行星的「行星之旅計劃（Planetary Grand Tour）」。當時所有的方法，是利用目標行星的重力來改變探測器的方向和速度的「重力助推法」。藉由此方法，NASA成功用最少的燃料讓探測器飛到下一顆行星。

航海家1號探測完木星和土星後，於2012年成功史上第一個離開太陽系的人造物，航向銀河系。航海家2號則在巡迴過木星和土星後，成功接近天王星和海王星，最終也在2018年飛離太陽系。

此計畫最後沒有按原本計畫探測冥王星，後來是由「新視野號」在2015年成為首個接近冥王星的探測器。

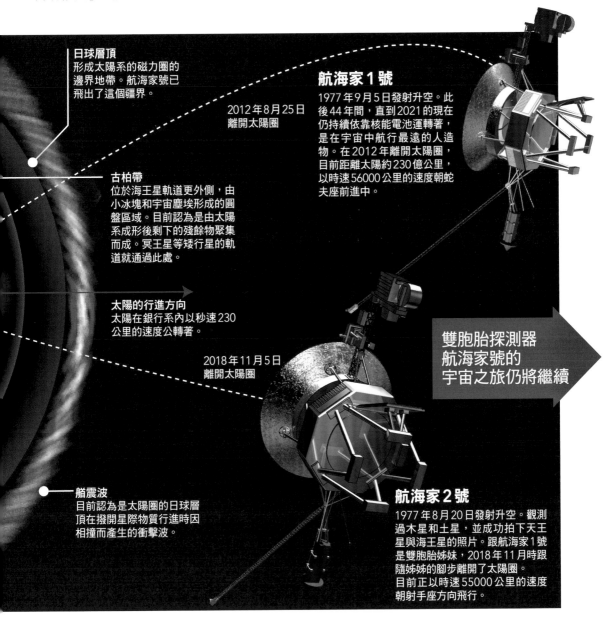

日球層頂
形成太陽系的磁力圈的邊界地帶。航海家號已飛出了這個疆界。

2012年8月25日
離開太陽圈

古柏帶
位於海王星軌道更外側，由小冰塊和宇宙塵埃形成的圓盤區域。目前認為是由太陽系成形後剩下的殘餘物聚集而成。冥王星等矮行星的軌道就通過此處。

太陽的行進方向
太陽在銀行系內以秒速230公里的速度公轉著。

2018年11月5日
離開太陽圈

艏震波
目前認為是太陽圈的日球層頂在撥開星際物質前進時因相撞而產生的衝擊波。

航海家1號
1977年9月5日發射升空。此後44年間，直到2021的現在仍持續依靠核能電池運轉著，是在宇宙中航行最遠的人造物。在2012年離開太陽圈，目前距離太陽約230億公里，以時速56000公里的速度朝蛇夫座前進中。

雙胞胎探測器
航海家號的
宇宙之旅仍將繼續

航海家2號
1977年8月20日發射升空。觀測過木星和土星，並成功拍下天王星與海王星的照片。跟航海家1號是雙胞胎姊妹，2018年11月時跟隨姊姊的腳步離開了太陽圈。目前正以時速55000公里的速度朝射手座方向飛行。

乘載來自地球的訊息
航海家號向**銀河系**啟程

🚀 朝太陽系另一頭航行的航海家

　　NASA的雙胞胎探測器「航海家1、2號」在發射升空超過40年後，仍持續在廣袤的宇宙中航行，並向地球傳送觀測資料。

　　NASA的官方網頁上也隨時顯示著航海家號當前與地球和太陽的相對距離。在2021年8月的時間點，1號正在距離太陽約154au（約230億公里）、2號正在距離約128au（約190億公里）處飛行著。

　　兩台探測器搭載的核能電池都將在2025年左右用盡燃料，此後將無法繼續傳送觀測

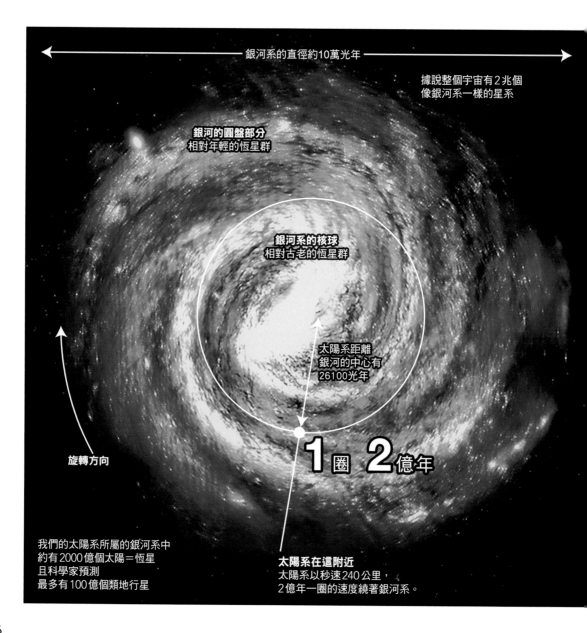

銀河系的直徑約10萬光年

據說整個宇宙有2兆個像銀河系一樣的星系

銀河的圓盤部分
相對年輕的恆星群

銀河系的核球
相對古老的恆星群

太陽系距離
銀河的中心有
26100光年

旋轉方向

1圈 **2**億年

我們的太陽系所屬的銀河系中
約有2000億個太陽＝恆星
且科學家預測
最多有100億個類地行星

太陽系在這附近
太陽系以秒速240公里，
2億年一圈的速度繞著銀河系。

資料，但本體仍將繼續飛向太陽系的遙遠彼方。

尋找銀河系中的智慧生物

宇宙中存在著無數由眾多星星集合而成的「星系（galaxy）」。俗稱「銀河」的「銀河系」便是其中之一，而我們居住的太陽系則位於銀河系的邊緣。

光是我們所屬的銀河系，就有大約2000億個像太陽一樣的恆星，且這些恆星周圍應該也存在很多顆行星。在這些太陽系外的行星中，說不定也有跟地球一樣存在生命的行星。

實際上，航海家號除了觀測任務外還有另一個使命。那就是在被地外智慧生物發現時，讓他們知道地球人的存在。為此兩台航海家號都裝有一片金唱片，上面記錄了地球上的各種聲音和各國語言的問候等資料。

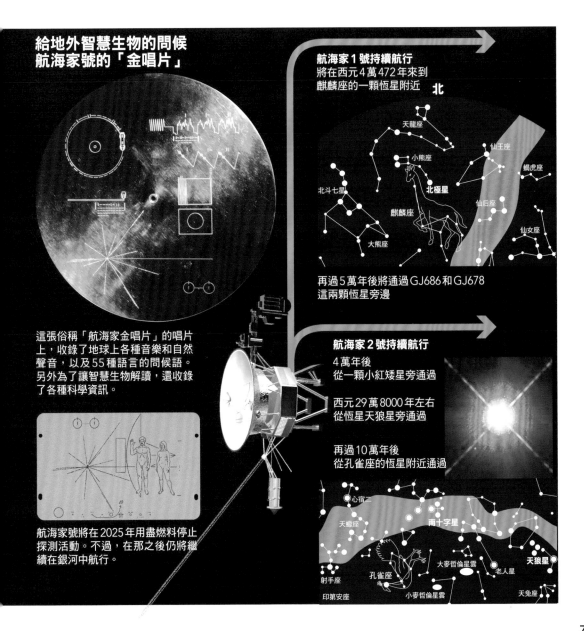

給地外智慧生物的問候 航海家號的「金唱片」

這張俗稱「航海家金唱片」的唱片上，收錄了地球上各種音樂和自然聲音，以及55種語言的問候語。另外為了讓智慧生物解讀，還收錄了各種科學資訊。

航海家號將在2025年用盡燃料停止探測活動。不過，在那之後仍將繼續在銀河中航行。

航海家1號持續航行
將在西元4萬472年來到麒麟座的一顆恆星附近

再過5萬年後將通過GJ686和GJ678這兩顆恆星旁邊

航海家2號持續航行

4萬年後從一顆小紅矮星旁通過

西元29萬8000年左右從恆星天狼星旁通過

再過10萬年後從孔雀座的恆星附近通過

離開銀河系後 滿是謎團的宇宙

🚀 飛出銀河，前往星團

飛出太陽系後，航海家號至今仍在銀河系中航行。本章就讓我們一邊想像航海家未來的旅行，一邊跟著踏上廣大的宇宙之旅吧。

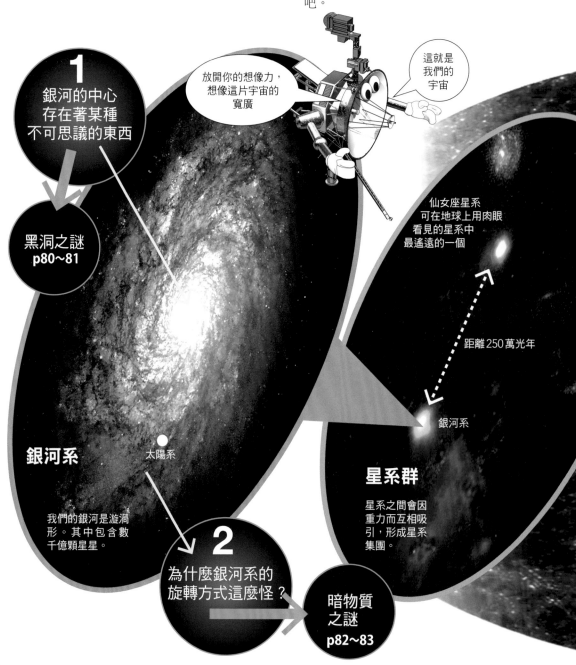

這就是我們的宇宙

放開你的想像力，想像這片宇宙的寬廣

1
銀河的中心存在著某種不可思議的東西

黑洞之謎
p80~81

仙女座星系
可在地球上用肉眼看見的星系中最遙遠的一個

距離250萬光年

銀河系

銀河系

太陽系

我們的銀河是漩渦形。其中包含數千億顆星星。

星系群

星系之間會因重力而互相吸引，形成星系集團。

2
為什麼銀河系的旋轉方式這麼怪？

暗物質之謎
p82~83

離開銀河系後，我們將能看到許多跟銀河系一樣由無數星星組成的其他星系群。銀河系和它鄰近的夥伴們俗稱「本星系群」。其中最大的星系是250萬光年外的仙女座星系。

但航海家號將繼續航向遠方。因為它想見到的東西還在更遠處。

航海家號想找的東西，就在離開本星系後更廣大的星輝中央。那看起來就像星星一樣的一個一個光點，就是航海家剛剛告別的星系群。這些星系群的集合就叫「星團」。

然後航海家號將前往更遠方，繼續飛向星團的更遠處。最終航海家號會發現自己似乎穿過了一道門。

接著航海家看到了整個宇宙。一個個的星團像漁網般彼此相連，無限地延伸。這就是我們充滿謎團的宇宙。下面就讓我們跟著航海家號，一同探索宇宙之謎吧。

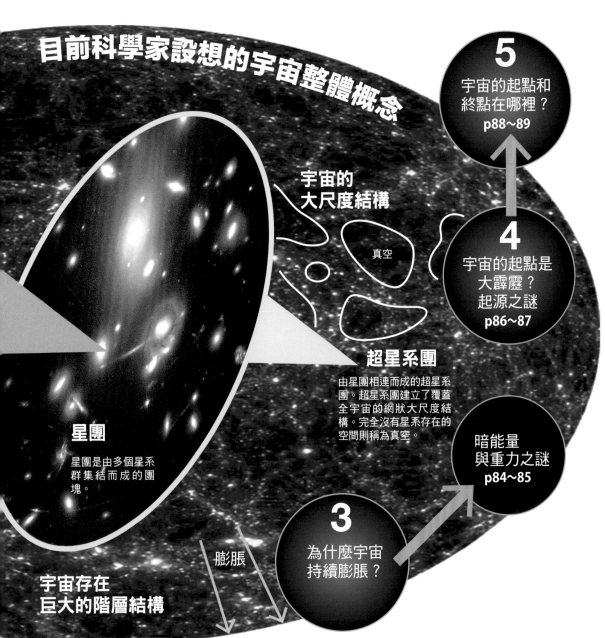

目前科學家設想的宇宙整體概念

宇宙的大尺度結構

真空

5
宇宙的起點和終點在哪裡？
p88~89

4
宇宙的起點是大霹靂？
起源之謎
p86~87

超星系團
由星團相連而成的超星系團。超星系團建立了覆蓋全宇宙的網狀大尺度結構。完全沒有星系存在的空間則稱為真空。

暗能量與重力之謎
p84~85

星團
星團是由多個星系群集結而成的團塊。

膨脹

宇宙存在巨大的階層結構

3
為什麼宇宙持續膨脹？

為什麼銀河的中心有黑洞？下一個大謎團

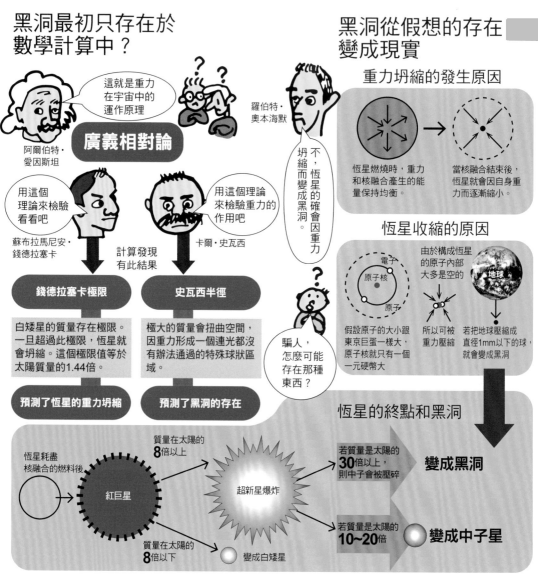

黑洞最初只存在於數學計算中？

這就是重力在宇宙中的運作原理

阿爾伯特·愛因斯坦

廣義相對論

用這個理論來檢驗看看吧

蘇布拉馬尼安·錢德拉塞卡

用這個理論來檢驗重力的作用吧

卡爾·史瓦西

計算發現有此結果

錢德拉塞卡極限

白矮星的質量存在極限。一旦超過此極限，恆星就會坍縮。這個極限值等於太陽質量的1.44倍。

預測了恆星的重力坍縮

史瓦西半徑

極大的質量會扭曲空間，因重力形成一個連光都沒有辦法通過的特殊球狀區域。

預測了黑洞的存在

羅伯特·奧本海默

不，恆星的確會因重力坍縮而變成黑洞。

騙人，怎麼可能存在那種東西？

恆星耗盡核融合的燃料後

紅巨星

質量在太陽的**8倍以上**

超新星爆炸

質量在太陽的**8倍以下**

變成白矮星

若質量是太陽的**30倍以上**，則中子會被壓碎

若質量是太陽的**10~20倍**

黑洞從假想的存在變成現實

重力坍縮的發生原因

恆星燃燒時，重力和核融合產生的能量保持均衡。

當核融合結束後，恆星就會因自身重力而逐漸縮小。

恆星收縮的原因

電子
原子核
原子

假設原子的大小跟東京巨蛋一樣大，原子核就只有一個一元硬幣大

由於構成恆星的原子內部大多是空的

地球

所以可被重力壓縮

若把地球壓縮成直徑1mm以下的球，就會變成黑洞

恆星的終點和黑洞

變成黑洞

變成中子星

具有強大重力的神祕黑洞

曾有很長一段時間，「黑洞是否真實存在？」乃是所有關心天文學的人心中最大的謎題。所謂的黑洞，就是重力太過巨大，導致連超高速的光線都無法逃離的天體。研究者們曾圍繞黑洞的存在展開激烈的辯論。而最終打開突破口的，乃是物理學家愛因斯坦針對宇宙中的重力作用提出的革命性理論——「廣義相對論」。這項理論雖然已在各種條件下通過許多研究者的檢驗，但其中兩名學者的計算結果卻又引發了新的議論。印度科學家錢德拉塞卡表示，當恆星的質量超過某個界限，就會因為被自己的重力壓垮消滅；而德國科學家史瓦西則認為恆星坍縮到最後，會形成一塊連光都無法逃脫的特殊

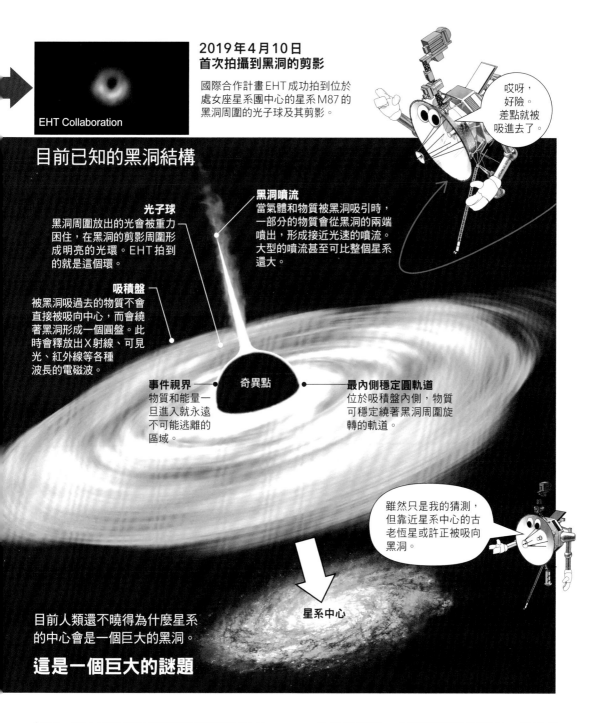

2019年4月10日
首次拍攝到黑洞的剪影

EHT Collaboration

國際合作計畫EHT成功拍到位於
處女座星系團中心的星系M87的
黑洞周圍的光子球及其剪影。

哎呀,好險。差點就被吸進去了。

目前已知的黑洞結構

光子球
黑洞周圍放出的光會被重力困住,在黑洞的剪影周圍形成明亮的光環。EHT拍到的就是這個環。

黑洞噴流
當氣體和物質被黑洞吸引時,一部分的物質會從黑洞的兩端噴出,形成接近光速的噴流。大型的噴流甚至可比整個星系還大。

吸積盤
被黑洞吸過去的物質不會直接被吸向中心,而會繞著黑洞形成一個圓盤。此時會釋放出X射線、可見光、紅外線等各種波長的電磁波。

事件視界
物質和能量一旦進入就永遠不可能逃離的區域。

奇異點

最內側穩定圓軌道
位於吸積盤內側,物質可穩定繞著黑洞周圍旋轉的軌道。

雖然只是我的猜測,但靠近星系中心的古老恆星或許正被吸向黑洞。

星系中心

目前人類還不曉得為什麼星系的中心會是一個巨大的黑洞。

這是一個巨大的謎題

領域。兩人用數學計算預測了黑洞的存在。當然,他們的理論隨即招來許多研究者的猛烈批評。

而此時跳出為這兩人解套的,則是日後參與研發了核子彈的物理學家奧本海默。他用當時新崛起的量子物理學理論暗示了黑洞存在的可能性。

自此以後,科學家們便開始進行各式

各樣的嘗試,想確認黑洞的存在,最終在2019年的國際合作計劃「事件視界望遠鏡(EHT)」中成功直接拍到黑洞的照片。就在這瞬間,神祕的黑洞終於從數學上的存在成為物理上的存在。

宇宙充滿未知的物質
暗物質也是其一

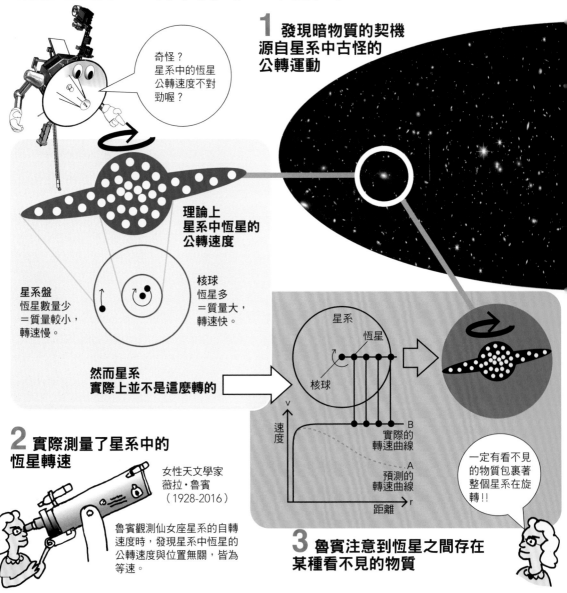

1 發現暗物質的契機
源自星系中古怪的
公轉運動

奇怪？
星系中的恆星
公轉速度不對
勁喔？

理論上
星系中恆星的
公轉速度

星系盤
恆星數量少
＝質量較小，
轉速慢。

核球
恆星多
＝質量大，
轉速快。

然而星系
實際上並不是這麼轉的

星系

恆星

核球

速度 v

B
實際的
轉速曲線

A
預測的
轉速曲線

距離 r

一定有看不見
的物質包裹著
整個星系在旋
轉！！

2 實際測量了星系中的
恆星轉速

女性天文學家
薇拉·魯賓
（1928-2016）

魯賓觀測仙女座星系的自轉
速度時，發現星系中恆星的
公轉速度與位置無關，皆為
等速。

3 魯賓注意到恆星之間存在
某種看不見的物質

🚀宇宙存在肉眼看不見的黑暗物質

1980年代以前的時代，對天文學家來說
或許是最幸福的時代。因為當時的天文學家
並不需要去煩惱現代天文學家最困擾的「宇
宙是由什麼東西組成」這個問題。當時的人
認為，從地球上的生物到天上的星星，宇宙
中的一切存有都是由物理學發現的基本粒子
所構成。

然而有一天，一位名叫薇拉·魯賓的女
天文學家的觀測，為安寧的天文學界帶來了
令人不安的消息。魯賓在觀測仙女座星系的
恆星繞行運動時，發現了一件古怪的事。照
理說，星系中不同位置的恆星公轉速度應該
各不相同才對，但實際上所有恆星都是用相
同的速度在公轉。

4 這種看不見的物質被稱為暗物質

這種只具質量、肉眼看不見的物質被認為是某種未知的粒子，目前科學家正在探究其真面目。

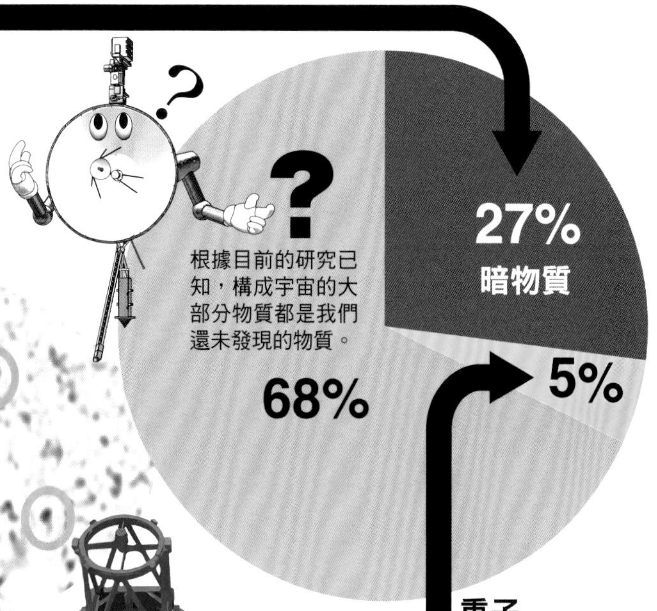

5 暗物質曾實際被觀測到!!

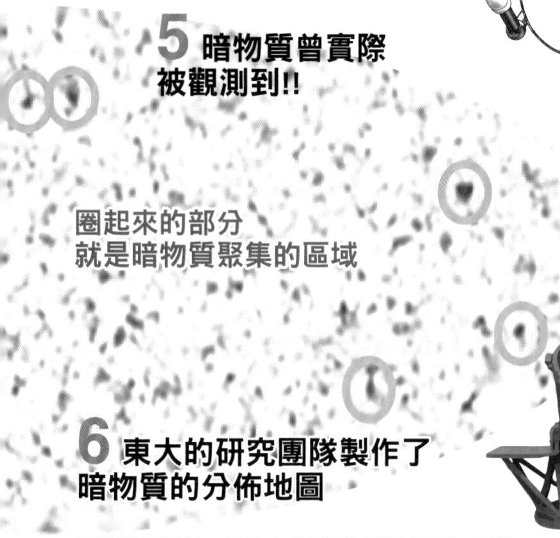

圈起來的部分就是暗物質聚集的區域

6 東大的研究團隊製作了暗物質的分佈地圖

暗物質看不見，但重力會對周圍產生影響。因此東京大學的研究團隊使用昴星團望遠鏡測量了1000萬個星系，分析了星系在重力透鏡效下的扭曲情況，間接捕捉到了暗物質的存在。

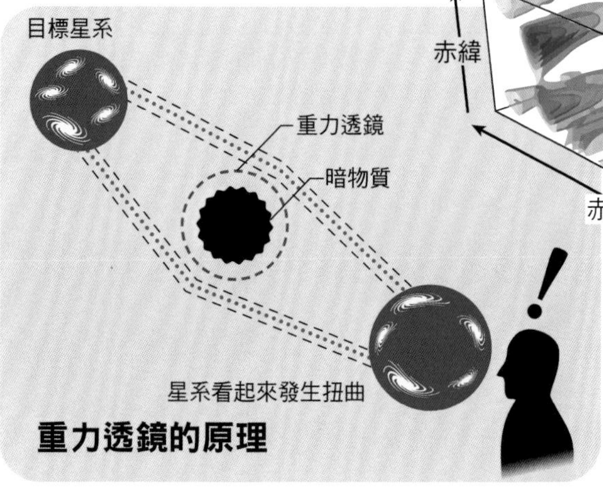

根據目前的研究已知，構成宇宙的大部分物質都是我們還未發現的物質。

27% 暗物質

68%

5%

重子
人類已知的物質。如氫和氧等組成我們的身體乃至宇宙繁星的物質。

日本「昴星團」望遠鏡的超廣視野主焦點攝影機派上用場。

目標星系

重力透鏡

暗物質

星系看起來發生扭曲

赤緯

赤經

重力透鏡的原理

深度（紅移）

01

10

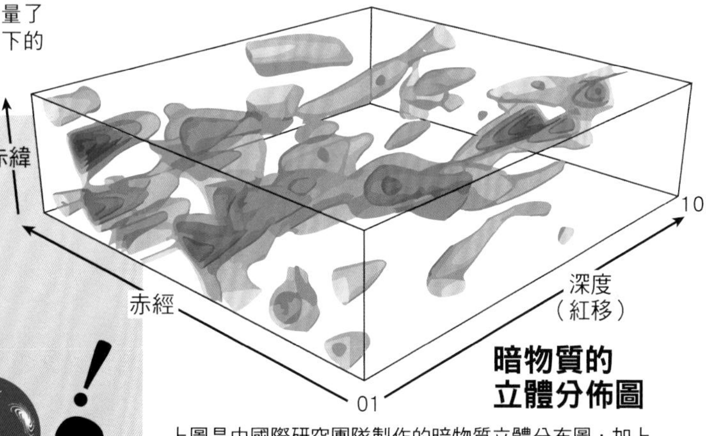

暗物質的立體分佈圖

上圖是由國際研究團隊製作的暗物質立體分布圖，加上透過測量星系紅移（參考下頁）算出的深度資訊後，建立了暗物質的立體結構圖。

本頁參考了東京大學國際高等研究所科維理宇宙物理學與數學研究所的公開資料。

對於這個現象，魯賓認為是因為星系中的恆星並非各轉各的，而是被包在某種充斥整個星系但肉眼看不見的物質中公轉所致。這個觀察結果後來還產生了更多棘手的問題。那麼，這種肉眼看不見的物質究竟是什麼呢？這種不會放出電磁波，只具有質量的神祕物質被科學家稱為「暗物質（dark matter）」，如今已是現代宇宙研究的一大主題。

2018年，東京大學的研究團隊利用日本的「昴星團」望遠鏡間接捕捉到暗物質的存在，並成功畫出分布圖。靠著觀測技術的飛躍性進步，以及全球研究者的努力，揭開暗物質真面目的那天或許不久後就會到來。

宇宙的膨脹正在加速
未知的暗能量

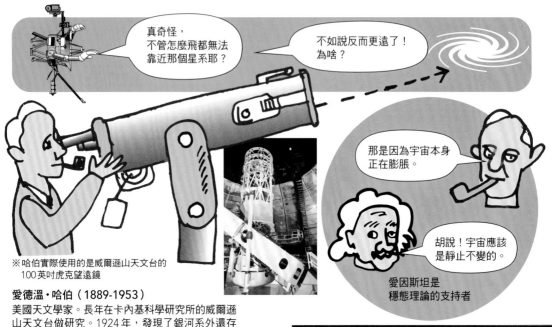

※哈伯實際使用的是威爾遜山天文台的
100英吋虎克望遠鏡

愛德溫・哈伯（1889-1953）
美國天文學家。長年在卡內基科學研究所的威爾遜山天文台做研究。1924年，發現了銀河系外還存在其他星系。1929年時透過星系的紅移發現其他星系正加速遠離我們所在的星系，孕育了宇宙膨脹論。

愛因斯坦是
穩態理論的支持者

但是，宇宙的膨脹是有證據的

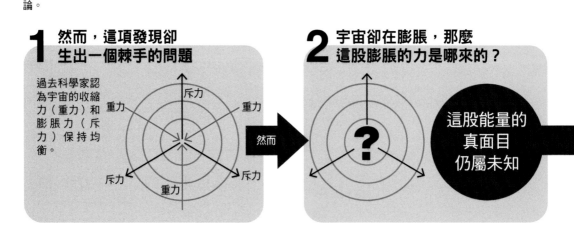

1 然而，這項發現卻生出一個棘手的問題

過去科學家認為宇宙的收縮力（重力）和膨脹力（斥力）保持均衡。

斥力　重力　重力　斥力　重力　斥力

然而

2 宇宙卻在膨脹，那麼這股膨脹的力是哪來的？

？

這股能量的
真面目
仍屬未知

🚀 宇宙仍在膨脹

1929年，美國天文學家哈伯根據多個星系的移動方式發現了宇宙正在膨脹的證據。在此之前，認為宇宙是靜止空間不會變化的「穩態理論」長期受到天文學家支持。就連愛因斯坦也是穩態理論的堅定支持者。

哈伯使用威爾遜山天文台的2.5公尺望遠鏡對星系的光進行光譜分析，發現了光譜波長愈長的星系「紅移」現象愈明顯。這意味著愈遙遠星系遠離我們的速度愈快。

在宇宙的作用力中，物體之間互相吸引的力＝重力會使宇宙收縮。而宇宙之所以沒有縮小，是因為有對抗重力的力＝斥力存在，且兩力維持均衡。這就是穩態理論的設想。

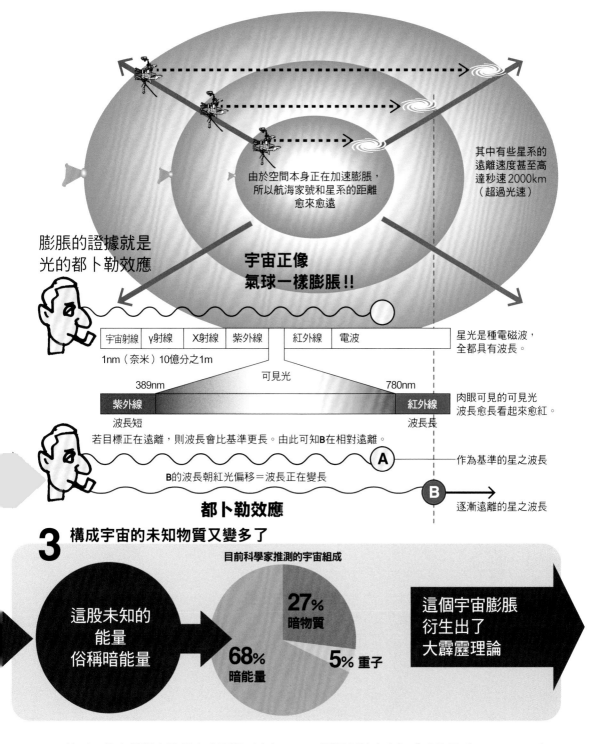

由於空間本身正在加速膨脹，所以航海家號和星系的距離愈來愈遠

其中有些星系的遠離速度甚至高達秒速 2000km（超過光速）

膨脹的證據就是光的都卜勒效應

宇宙正像氣球一樣膨脹!!

| 宇宙射線 | γ射線 | X射線 | 紫外線 | | 紅外線 | 電波 | |

星光是種電磁波，全都具有波長。

1nm（奈米）10億分之1m

可見光

389nm　　　　　　　　　　　　　780nm

| 紫外線 | | 紅外線 |

波長短　　　　　　　　　　　　波長長

肉眼可見的可見光波長愈長看起來愈紅。

若目標正在遠離，則波長會比基準更長。由此可知B在相對遠離。

Ⓐ　　　作為基準的星之波長

B的波長朝紅光偏移＝波長正在變長

Ⓑ　→　逐漸遠離的星之波長

都卜勒效應

3 構成宇宙的未知物質又變多了

目前科學家推測的宇宙組成

這股未知的能量俗稱暗能量

27% 暗物質

68% 暗能量

5% 重子

這個宇宙膨脹衍生出了大霹靂理論

　　然而，後來科學家發現宇宙實際正在加速膨脹。這股使宇宙膨脹的巨大能量究竟是什麼？為什麼無論如何都找不到它的存在？現代研究者們正為這個新難題大傷腦筋。

　　據說愛因斯坦在前往威爾遜天文台造訪哈伯，確認了宇宙膨脹的觀測證據後，對自己的錯誤感到十分羞愧。即便是愛因斯坦也無法解開這股能量的真面目。相信當人類解開這個被命名為「暗能量（dark energy）」的神祕存在之真面目時，人類的宇宙觀將再次迎來革命。

來自深空的宇宙微波證明了大霹靂

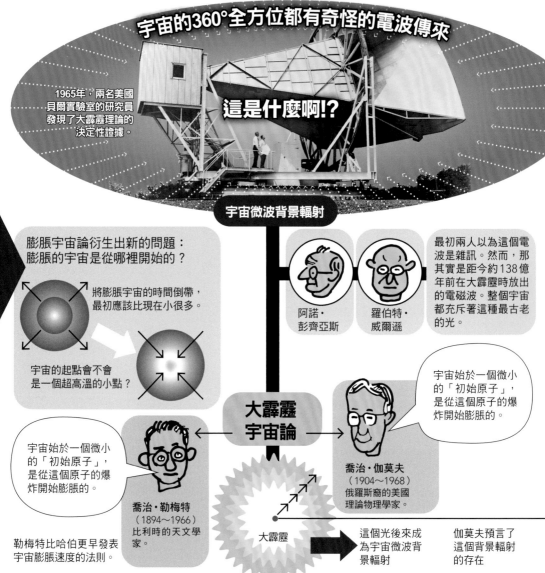

宇宙的360°全方位都有奇怪的電波傳來

1965年，兩名美國貝爾實驗室的研究員發現了大霹靂理論的決定性證據。

這是什麼啊!?

宇宙微波背景輻射

膨脹宇宙論衍生出新的問題：膨脹的宇宙是從哪裡開始的？

將膨脹宇宙的時間倒帶，最初應該比現在小很多。

宇宙的起點會不會是一個超高溫的小點？

最初兩人以為這個電波是雜訊。然而，那其實是距今約138億年前在大霹靂時放出的電磁波。整個宇宙都充斥著這種最古老的光。

阿諾·彭齊亞斯

羅伯特·威爾遜

宇宙始於一個微小的「初始原子」，是從這個原子的爆炸開始膨脹的。

大霹靂宇宙論

宇宙始於一個微小的「初始原子」，是從這個原子的爆炸開始膨脹的。

喬治·勒梅特
（1894～1966）
比利時的天文學家。

勒梅特比哈伯更早發表宇宙膨脹速度的法則。

喬治·伽莫夫
（1904～1968）
俄羅斯裔的美國理論物理學家。

大霹靂

這個光後來成為宇宙微波背景輻射

伽莫夫預言了這個背景輻射的存在

🚀 宇宙始於一場大爆炸

宇宙正隨著時間不斷膨脹。發現這點的研究者於是想到：如果把時間回溯，那麼宇宙應該會愈變愈小。而宇宙應該就是從這個微小原始的原子（奇異點）的爆炸開始的。

1931年，這個由比利時的年輕天文學家勒梅特提出的宇宙起源論，在當時的科學界受到激烈批評，被揶揄為「大霹靂（Big Bang）理論」。就連愛因斯坦也不認同這個學說。

然而另一位名叫伽莫夫的理論物理學家跳出來支持這個理論。1948年，他根據宇宙的核反應理論提出了「熱大爆炸宇宙學模型」的概念，並主張宇宙中仍存在著爆炸之初放出的熱能，這就是最好的證據。但這個

由大霹靂膨脹而來的宇宙

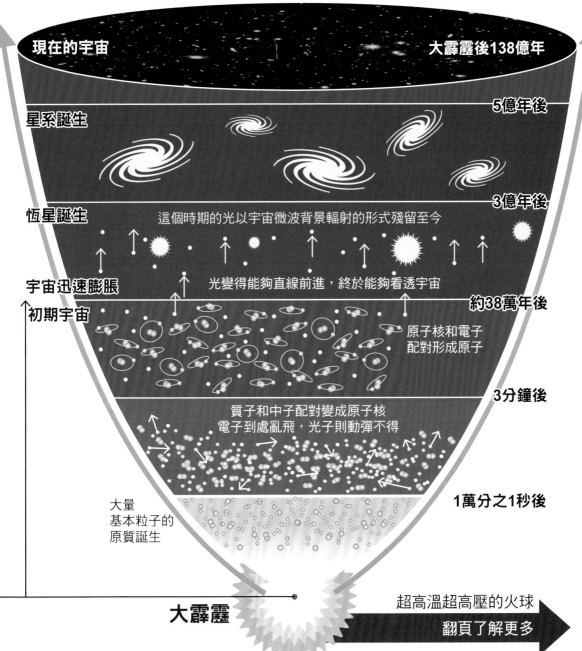

現在的宇宙　　　　　　　　　　　　　　　　大霹靂後138億年

5億年後

星系誕生

3億年後

恆星誕生　　　這個時期的光以宇宙微波背景輻射的形式殘留至今

宇宙迅速膨脹　　　　光變得能夠直線前進，終於能夠看透宇宙

初期宇宙　　　　　　　　　　　　　　　　　約38萬年後

原子核和電子
配對形成原子

3分鐘後

質子和中子配對變成原子核
電子到處亂飛，光子則動彈不得

1萬分之1秒後

大量
基本粒子的
原質誕生

大霹靂　　　　　　　　　超高溫超高壓的火球
翻頁了解更多

「熱大爆炸」理論也招來眾多批評。

　　不過，支持這項理論的證據卻在意想不到的時刻出現了。1965年，兩名研究者在實驗與人工衛星通訊用的天線時，發現宇宙四面八方都有微波傳來。兩人正為這個來歷不明的電波苦惱不已時，得知了伽莫夫的理論，赫然領悟這種微波便是「大霹靂理論」的證據——在宇宙誕生之初擴散至全宇宙的反射光。從此以後「大霹靂理論」成為宇宙起源的正統理論，並如上圖所示，逐漸改良到能夠解釋整個宇宙發展的全貌。

宇宙是從一無所有的空間像吹泡泡一樣冒出來的!?

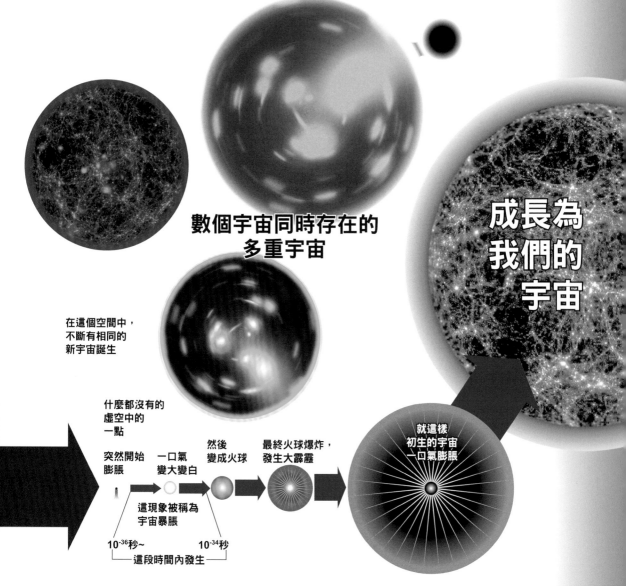

數個宇宙同時存在的
多重宇宙

在這個空間中，
不斷有相同的
新宇宙誕生

成長為
我們的
宇宙

什麼都沒有的
虛空中的
一點

突然開始
膨脹

一口氣
變大變白

然後
變成火球

最終火球爆炸，
發生大霹靂

就這樣
初生的宇宙
一口氣膨脹

這現象被稱為
宇宙暴脹

10^{-36}秒~　　　10^{-34}秒
└──這段時間內發生──┘

🚀 宇宙的起點是「無」

航海家號來到了一個空無奇妙的空間。這裡就是航海家號一直想要前往的地方——我們的宇宙誕生之地。航海家號即將在這裡見證宇宙的誕生。

凝視眼前的空間，虛空中突然冒出一個顆粒。就像水中突然冒出一個極微小的泡沫。這個小泡沫一瞬間變成白色的球體，下個瞬間又變成赤紅的火球，然後一口氣爆炸般地不停膨脹。不知不覺間，航海家號也被包進了這個膨脹的泡泡中。接下來在這個超高溫空間中發生的事，就是前一頁我們已經看過的宇宙變遷。

航海家號飛出了這個宇宙泡泡，凝視宇宙出現的這個空間。我們長久追尋的宇宙之

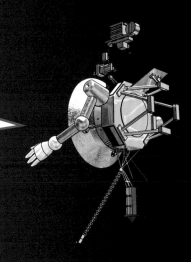

宇宙之外的
這片空間，
究竟是什麼呢？

**然後，
航海家號
來到了宇宙最大的
謎題中**

至此為止，本書根據最新的宇宙研究成果，用極為
簡化的方式帶大家認識了目前所知的宇宙之謎。本
書介紹的內容僅是龐大的宇宙研究中極小一部分的
碎片。如果你對航海家號在本書的探祕之旅有興
趣，請務必去閱讀其他更詳細的刊物或網站，繼續
往前開展你的宇宙之旅。

謎就在這裡。如病毒般渺小的空間從這片虛無中誕生，然後膨脹到星系的大小。這個現象在當代的宇宙科學界稱為「宇宙暴脹」。科學家們認為，在這片孕育宇宙的虛空中，隨時都有數個宇宙暴脹在發生，並存在誕生新宇宙的可能性。而我們的宇宙也是這樣誕生，並在各種初期條件的配合下，孕育出生命的。

航海家號如今正身在宇宙最大的謎題中。誕生了宇宙的這片虛無，究竟是什麼呢？

結語

為了人類與地球的未來 我們將繼續向宇宙學習

航海家號的宇宙之旅,在人類所知的終極之謎中結束了。本書的卷頭曾質問過在現在這時代研究太空和宇宙的意義,不知各位跟隨本書一起遨遊宇宙後,是否找到答案了呢?

在闔上本書前,航海家號有兩個訊息要帶給各位。

第一個訊息,是關於我們探索宇宙的意義。人類為了在太空中生存,正努力打造可在完全封閉的空間內循環的維生系統。不論是在僅有一層薄皮的太空服中,還是在巨大的圓頂都市內,我們想實現的功能都是一樣的。我們的目標,都是有效利用有限的資源,盡可能不產生任何廢棄物,打造具永續性的生態系。

沒錯,在太空生存所需的科技,正是現在我們所生活的地球最需要的東西。事實上,地球正是這個環境嚴酷的宇宙中,屈指可數具有可供生命生存的永續生態系之行星。而人類正在破壞地球纖細而脆弱的生態系。如果人類的太空發展能有什麼收穫,那必然得是有助於解決地球當前面臨的問題之物。

而第二個訊息,則是宇宙帶給正在破壞自己所處生態系的人類種族的告誡。跟航海家號一起飛越星系,看見了宇宙全貌的我們,認識到人類科學所理解宇宙是多地渺小。現在的科學只認識了構成宇宙的所有物質的5%。換言之,我們對於自己所屬的宇宙還幾乎一無所知。

而我們人類正嘗試乘坐巨大的火箭前往未知的太空。建造火箭的技術和創意,以及推動這個事業的經濟野心和慾望,實際上導致了全球暖化,傷害了地球,我們必須虛心接受這個事實。

當我們迫近那仍未知曉、剩下95%的宇宙之謎,並最終得到解答時,相信人類現在的知識體系、科學、以及政治和經濟系統都將大大改變。

正因為如此,人類才要前往宇宙。航海家號要告訴我們的正是這件事。

參考文獻

日文版『宇宙的琴弦』（布萊恩·格林 著，草思社）

日文版『時間簡史』（史蒂芬·霍金 著，早川書房）

『ニュートリノ天体物理学入門（暫譯：微中子天文物理學入門）』（小柴昌俊 著，講談社）

『中国が宇宙を支配する日 宇宙安保の現代史（暫譯：中國支配太空的那天──太空安全現代史）』（青木節子 著，新潮社）

日文版『Eine Formel verändert die Welt. Newton, Einstein und die Relativitätstheorie（暫譯：一條公式改變世界：牛頓、愛因斯坦和相對論）』（哈拉爾德·弗里奇 著，丸善）

日文版『The Universe in Your Hand: A Journey Through Space, Time and Beyond（暫譯：一手掌握宇宙：跨越時空之旅）』（克里斯托弗·加爾法德 著，早川書房）

『人類はふたたび月を目指す（暫譯：人類再次遠征月球）』（春山純一 著，光文社）

『月はすごい 資源・開発・移住（暫譯：偉大的月球──資源、開發、移民）』（佐伯和人 著，中央公論新社）

『はやぶさ2最強ミッションの真実（暫譯：隼鳥2號──最強任務的真相）』（津田雄一 著，NHK出版）

『「量子論」を楽しむ本（暫譯：玩轉「量子理論」）』（佐藤勝彦 著，PHP）

『インフレーション宇宙論 ビッグバンの前に何が起こったのか（暫譯：膨脹的宇宙──大霹靂前發生了什麼？）』（佐藤勝 著，講談社）

日文版『The Universe: An Illustrated History of Astronomy（暫譯：宇宙──圖說天文史）』（湯姆·傑克遜 著、丸善出版）

日文版『Quantum Man: Richard Feynman's Life in Science（暫譯：量子人──李察費曼的科學人生）』（勞倫斯·M·克勞斯 著，早川書房）

『スペース・コロニー 宇宙で暮らす方法（暫譯：宇宙殖民地──在太空生活的方法）』（向井千秋 監修・著，講談社）

『宇宙のダークエネルギー 「未知なる力」の謎を解く（暫譯：宇宙的暗能量 解開「未知之力」的謎團）』（土居守、松原隆 著，光文社）

『すごい宇宙講義（暫譯：宇宙講義）』（多田将 著，Eastpress）

日文版『Vacation Guide to the Solar System: Science for the Savvy Space Traveler!（暫譯：太陽系觀光手冊──給精明旅行者的科學讀本）』（奧莉薇亞·科斯基、珍娜·格切維奇 著，原書房）

日文版『L'ordine del tempo（暫譯：時間的順序）』（卡洛·羅威利 著，NHK出版）

『宇宙開発の未来年表（暫譯：宇宙開發未來年表）』（寺門和夫 著，Eastpress）

『人類が火星に移住する日（暫譯：人類移民火星之日）』（矢沢科學辦公室、竹内薫 著，技術評論社）

日文版『火星時代：人類拓殖太空的挑戰與前景』（李奧納德·大衛 著，日經國家地理）

『図説 一冊でわかる! 最新宇宙論（暫譯：圖解 一本書讀懂最新宇宙學）』（縣秀彥 著，學研plus）

『宇宙プロジェクト開発史大全（暫譯：太空計畫開發史大全）』（枻出版）

『これからはじまる宇宙プロジェクト（暫譯：近未來的太空計畫）』（枻出版）

『宇宙の真実 地図でたどる時空の旅（暫譯：宇宙的真相──循著地圖展開時空之旅）』（日經國家地理）

『VISUAL BOOK OF THE UNIVERSE 宇宙大図鑑（暫譯：VISUAL BOOK OF THE UNIVERSE 宇宙大圖鑑）』（牛頓雜誌）

『アンドロメダ銀河のうずまき 銀河の形にみる宇宙の進化（暫譯：仙女座星系的漩渦──從星系的形狀了解宇宙演化）』（谷口義明 著，丸善出版）

日文版『Deep Space: Beyond the Solar System to the End of the Universe and the Beginning of Time（暫譯：深空：從太陽系外到宇宙的盡頭與時間的起點）』（戈弗特·席林 著，創元社）

日文版『The History of Space Exploration（暫譯：太空探索的歷史）』（羅傑·D·勞尼烏斯 著，東京堂出版）

『宇宙は何でできているのか 素粒子物理学で解く宇宙の謎（暫譯：去太空做什麼？用粒子物理學解開宇宙之謎）』（村山齊 著，幻冬舍）

『真空とはなんだろう 無限に豊かなその素（暫譯：什麼是真空──無限豐富的真實面貌）』（廣瀨立成 著，講談社）

參考網站

NASA https://www.nasa.gov
JAXA https://www.jaxa.jp
Roscosmos https://www.roscosmos.ru
CNSA http://www.cnsa.gov.cn/english/
ESA https://www.esa.int
ISRO https://www.isro.gov.in
UAE Space Agency https://www.space.gov.ae
Lockheed Martin https://www.lockheedmartin.com
Boeing https://www.boeing.com
Space X https://www.spacex.com
Virgin Galactic https://www.virgingalactic.com
Virgin Orbit https://virginorbit.com
Blue Origin https://www.blueorigin.com
Stratolaunch https://www.stratolaunch.com
CASC http://english.spacechina.com/n16421/index.html
Airbus https://www.airbus.com/space.html
Arianespace https://www.arianespace.com
Rocket Lab https://www.rocketlabusa.com
One Space http://www.onespacechina.com/en
ispace https://ispace-inc.com/jpn/
iSpace http://www.i-space.com.cn
Space.com https://www.space.com
宙畑 https://sorabatake.jp
Forbes JAPAN https://forbesjapan.com
Space News https://spacenews.com
Landspace http://www.landspace.com/rocket/
Interstellar Technologies http://www.istellartech.com

三菱重工 https://www.mhi.com/jp/
IHI https://www.ihi.co.jp/
York Space Systems https://www.yorkspacesystems.com
SSTL https://www.sstl.co.uk
GomSpace https://gomspace.com/home.aspx
Axiom Space https://www.axiomspace.com
Bigelow Aerospace https://www.bigelowaerospace.com/
IBM https://www.ibm.com/
一般社団法人宇宙エレベーター協会 http://www.jsea.jp/index.html
季刊大林「宇宙エレベーター建設構想」 https://www.obayashi.co.jp/kikan_obayashi/detail/kikan_53_idea.html
TechCrunch Japan https://jp.techcrunch.com/contributor/devinjp/
HATCH https://shizen-hatch.net
AFP BB News https://www.afpbb.com/
Business Insider Japan https://www.businessinsider.jp/
sorae https://sorae.info
日経ビジネス https://business.nikkei.com/
GIZMODO https://www.gizmodo.jp/
News Week Japan https://www.newsweekjapan.jp
CNN https://www.cnn.co.jp
Reuters https://jp.reuters.com/
WIRED https://wired.jp
MIT Technology Review https://www.technologyreview.jp
TOKYO EXPRESS http://tokyoexpress.info
国立天文台 https://www.nao.ac.jp/index.html

索 引

———— 英數 ————

Astroscale ··9, 21
Axelspace ··9, 21
CNES（法國國家太空研究中心）········ 13, 14, 20
CNSA（中國國家航天局）····· 6~7, 8, 10, 20
CSA（加拿大太空總署）····· 11, 14~15, 20
DLR（德國航空太空中心）····· 13, 14, 20
Dymon ··21, 42
ELSA-d ··9
ESA（歐洲太空總署）········· 11, 12~13, 14~15,
　　　16~17, 18~19, 20, 34, 45, 49, 60, 65
GRUS ··9
H3 ··· 11, 12, 28~29
HAKUTO-R ················· 12~13, 40, 42~43
HERACLES 計劃 ································ 14~15
Inspiration4 ···11
Ispace ······················· 12~13, 21, 42~43
ISRO（印度太空研究組織）········· 6~7, 20
JAXA（日本宇宙航空研究開發機構）·········· 7,
　　　8, 11, 12~13, 14~15, 16, 20, 28~29, 31,
　　　40~41, 42~43, 45, 50~51, 60~61, 65
JUICE ······························· 11, 16~17, 69
MMX ··· 13, 14~15
MOMO ··10
NASA（美國太空總署）····· 7, 8~19, 20, 30, 32,
　　　34~35, 37, 40, 44~45, 46, 49, 55, 56~57,
　　　60, 64~65, 66~67, 68~69, 70~71, 72, 75, 76
OneWeb ··9, 21
Orbital Assembly ·························· 21, 36
Roscosmos ···································· 20, 44
SLIM ························· 12~13, 40, 42~43
SpaceX ·············· 6~7, 9, 10~11, 12~13, 15,
　　　16, 19, 20, 30~31, 32~33, 56~57, 59
TOYOTA（豐田）····················· 15, 50~51
UAESA（阿拉伯聯合大公國太空總署）········· 20
XRISM ··12
YAOKI ································ 40, 42~43

———— 1~5劃 ————

土星 ···70~71
土星5號（運載火箭）····················· 37, 38
土衛六泰坦 ··························· 17, 70~71
大林組 ······················· 18~19, 21
大霹靂 ·································· 86~87
公理太空 ········ 11, 13, 16, 21, 34~35
天文單位 ···60
天王星 ··72
天和 ···································· 10, 34~35
天宮 ······························ 10~11, 34~35
天問1號 ······························· 8, 10, 55

———— （right column continued） ————

太空青鱂魚實驗 ································37
太空旅行 ··································· 18~19
太空梭 ··38
太空移民 ··19
太空船2號 ······························ 10, 26
太空發射系統 ····························· 46~47
太空飯店 ······················· 16, 21, 36
太空電梯 ··18
太陽 ···60~63
太陽系 ············· 60, 62~63, 74, 76
太陽軌道載具 ····································60
太陽風 ······························· 62~63, 74
太陽圈 ···································· 62~63
尤里・加加林 ····················· 24, 38
引路號 ···································· 12, 25
月面都市 ·································· 52~53
月球巡洋艦 ·································· 50~51
月球門戶··· 12~13, 14~15, 40~41, 44~45, 46~47
月球基地 ·································· 46~47
月球探測 ····· 6, 12~13, 14~15, 38~51
月船2號 ···6~7
木星 ···68~69
木星探測 ··11
木衛一埃歐 ·································· 68~69
木衛二快船 ······································12
木衛二歐羅巴 ············· 11, 12, 68~69
木衛三蓋尼米德 ············· 11, 68~69
木衛四卡利斯多 ············· 11, 68~69
水手10號 ·································· 64~65
水手4號 ···································· 54~55
水手號計劃 ······································65
水星 ··64
火星 ···54~59
火星2020計劃 ······························· 7, 8~9
火星探測 ············· 7, 8~9, 10, 12~13,
　　　14~15, 16~17, 54~57
火星移民 ·································· 58~59
火星都市 ··19
火星樣本計劃 ····································16
火箭 ···················· 28~29, 30~31
仙女座星系 ······························ 9, 82
卡西尼號 ·································· 70~71
卡西尼環縫 ·································· 70~71
卡門線 ··24
卡爾・史瓦西 ····································80
古柏帶 ··························· 73, 74~75
玉兔2號 ···6

———— 6~10劃 ————

仿地球化工程 ····································59
伊隆・馬斯克 ····················· 7, 19, 59

先鋒11號 ················· 71
地外智慧生物 ················· 77
地球逃逸速度 ················· 27
宇宙暴脹 ················· 88~89
次軌道飛行 ················· 27
伽利略・伽利萊 ················· 68
伽利略號 ················· 65, 68
希望號 ················· 8, 55
貝皮可倫坡號 ················· 64
亞利安5號 ················· 11, 30
表岩屑 ················· 47, 49, 50, 52
金星 ················· 65~67
金星快車號 ················· 65
金星計畫 ················· 65
長征3號B ················· 6
長征5號B ················· 7, 10
阿波羅計劃 ················· 12, 39~39
阿提米絲計畫 ················· 12~13, 14, 16~17,
35, 40~41, 46~47, 56~57, 58~59
阿爾伯特・愛因斯坦 ················· 80, 84~85
信使號 ················· 64
哈伯太空望遠鏡 ················· 11, 25
星出彰彥 ················· 10, 32
星系群 ················· 78~79
星系團 ················· 79
星際科技 ················· 10, 21
星鏈 ················· 6, 9
星艦 ················· 12~13, 15, 16, 41, 56~57
昴星團望遠鏡 ················· 83
派克太陽探測器 ················· 13, 60
紅移 ················· 84~85
冥王星 ················· 74~75
核融合反應 ················· 62~63
海王星 ················· 73
海王星外天體 ················· 74
海盜1號 ················· 54~55
海衛一特里同 ················· 73
破曉號 ················· 65
航海家1號 ················· 68, 75, 76~77, 78~89
航海家2號 ················· 72~73, 75, 76~77, 78~79
隼鳥2號 ················· 7

────── 11~15劃 ──────

國際太空站（ISS） ················· 7, 16, 24~25,
32~33, 34~35, 36~37, 38
理查・布蘭森 ················· 8~9, 10, 26~27
畢格羅宇航 ················· 14~15, 21
野口聰一 ················· 32
傑夫・貝佐斯 ················· 6~7, 10, 26~27
喬瓦尼・多梅尼科・卡西尼 ················· 70
喬治・伽莫夫 ················· 86

喬治・勒梅特 ················· 86
惠更斯號 ················· 71
發射者一號 ················· 8~9
華納・馮・布朗 ················· 37
黑洞 ················· 80~81
微重力 ················· 32, 36~37
愛德溫・哈伯 ················· 84~85
新雪帕德號 ················· 7, 8, 10, 26~27, 31
新視野號 ················· 74~75
新疆界計畫 ················· 14
暗物質 ················· 82~83
暗能量 ················· 84~85
詹姆斯・韋伯太空望遠鏡 ················· 11
載人飛龍號 ················· 7, 10~11, 32~33
嫦娥4號 ················· 6
維珍軌道 ················· 8~9, 21
維珍銀河 ················· 8~9, 10~11, 21, 26
蜻蜓號 ················· 14, 17
銀河系 ················· 76~77, 78~79
廣義相對論 ················· 80
撞擊坑 ················· 49, 51
樣本 ················· 16
毅力號 ················· 7, 8~9, 16~17, 55

────── 16~20劃 ──────

機智號 ················· 8~9, 55
擎天神5號 ················· 30
聯盟號 ················· 9, 30
薇拉・魯賓 ················· 82~83
獵戶座（太空船） ················· 46~47
獵鷹9號 ················· 31, 32
藍月 ················· 6
藍色起源 ················· 6~7, 8, 10~11, 20, 26~27, 31
蘇布拉馬尼安・錢德拉塞卡 ················· 80

跨越國境的塑膠與環境問題：
為下一代打造去塑化地球
我們需要做的事！

作者：InfoVisual研究所／定價：380元

海龜等生物誤食塑膠製品的新聞怵目驚心，世界各國皆因塑膠回收、處理問題而面臨困境，聯合國「永續發展目標（SDGs：Sustainable Development Goals）」
其中一項目標就是「在2030年前大幅減少廢棄物的製造」。
然而，回到實際生活，狀況又是如何呢？
塑膠被拋棄造成的環境問題，
目前已有1億5000萬噸的塑膠累積在大海上。
我們現在要開始做的事：真正地認識塑膠、了解世界現狀、逐步邁向脫塑生活。
重新審視塑膠與環境問題，
打開眼界學習「未來的新常識」！

SDGs 系列講堂

全球氣候變遷：
從氣候異常到永續發展目標，
謀求未來世代的出路

作者：InfoVisual研究所／定價：380元

氣候變遷不再是遙不可及的問題。
為了有更多生存的選擇，全民必上的地球素養課！
剖析現今正在全球發生的現象及導因，在困境中尋找邁往未來的轉機。
氣候變遷是一個龐大的難題，以至於連聯合國都將其列為「永續發展目標(SDGs)」之一。追根究柢，氣候究竟是什麼？如今正如何持續變化？還有，人類面對氣候變遷又能夠做些什麼呢？讓我們一探究竟吧。

SDGs超入門：
60分鐘讀懂聯合國永續發展目標
帶來的新商機

作者：Bound、功能聰子、佐藤寬／定價：380元

60分鐘完全掌握！
SDGs永續發展目標超入門！
什麼是SDGs？為什麼它會受到聯合國關注，成為全世界共同努力的目標？這個「全球新規則」會為商場帶來哪些全新常識？為什麼企業應該投入SDGs？
哪些領域將因此獲得商機？投資方式和經營策略又應該如何做調整？本書則利用全彩圖解淺顯易懂地解說這個龐大而複雜的問題。

動物的滅絕與進化圖鑑：
讓人出乎意料的動物演化史
作者：川崎悟司／定價：400元

長脖子的長頸鹿、回到大海的鯨魚、長鼻子的
大象、背著營養槽的駱駝、把牙齒當作武器的
貓、變成鳥類的恐龍、
4億年間幾乎沒有改變的鯊魚……！
為什麼動物們這樣進化，那樣滅絕？
進化與滅絕的動物相比，到底有哪裡不同？
從哺乳類到鳥類、爬蟲類、兩棲類、魚類，
一本統整脊椎動物的進化史！

地球
大小事！

氣象術語事典：
全方位解析天氣預報等最尖端的
氣象學知識
作者：筆保弘德等／定價：380元

所謂的生活氣象，就是與我們的日常生活最息息相關的氣象。譬如
「熱傷害」和「流感的流行」，以及近年關注度迅速攀升的「PM2.5」
等等，全面檢視人類與氣候，各種常在新聞中出現的關鍵字，在本書
中你都可以一一獲得解答！
本書用最淺顯易懂的方式，介紹這些正受到社會關注，又或是未來可
能將會受到關注的天氣術語，以及針對該領域當前最新的情報。本書
以電視新聞上出現的術語為主軸。內容也同樣集結了活躍於氣象學和
天氣預報研究領域的九位氣象專家，為讀者們解說最尖端的知識和理
論。

人類滅絕後：
未來地球的假想動物圖鑑
作者：Dougal Dixon／定價：480元

人類滅絕後——將會由哪一種動物統治地球呢？
距離現在5000萬年後的地球，昂首闊步於陸地上
的會是何種生物呢？
雖然無法親眼看到，但根據演化的法則是可以推
測出來的。
跟著作者一起踏入5000萬年後的地球，觀察看看
有那些生物吧！
說不定你想像中的生物也會出現喔！
透過經嚴謹考證的幻想圖鑑啟發孩子的想像力！

InfoVisual 研究所

以代表大嶋賢洋為中心的多名編輯、設計與CG人員從2007年開始活動，編輯、製作並出版了無數視覺內容。主要的作品有《插畫圖解伊斯蘭世界》（暫譯，日東書院本社）、《超級圖解 最淺顯易懂的基督教入門》（暫譯，東洋經濟新報社），還有「圖解學習」系列的《圖解人類大歷史》、《從14歲開始學習 金錢說明書（暫譯）》、《從14歲開始認識AI（暫譯）》、《從14歲開始學習 天皇與皇室入門（暫譯）》、《從14歲開始了解人類腦科學的現在與未來（暫譯）》、《從14歲開始學習地政學（暫譯）》、《SDGs系列講堂 跨越國境的塑膠與環境問題》、《從14歲開始了解水與環境問題（暫譯）》、《SDGs系列講堂 全球氣候變遷》、《從14歲開始認識資本主義（暫譯）》、《從14歲開始認識食物與人類1萬年的歷史（暫譯）》、《SDGs系列講堂 去碳化社會》（皆為太田出版）等。

大嶋賢洋的圖解頻道

YouTube
https://www.youtube.com/channel/UCHlqINCSUiwz985o6KbAyqw
Twitter
@oshimazukai

企劃・構成・執筆	大嶋 賢洋 豊田 菜穗子
協力	鈴木 喜生
插圖、圖版製作	高田 寬務
插圖	二都呂 太郎
封面設計・DTP	玉地 玲子
校正	鷗来堂

近未來宇宙探索計畫

登陸月球×火星移居×太空旅行，
人類星際活動全圖解！

2022年7月1日初版第一刷發行

著　　　者	InfoVisual研究所
譯　　　者	陳識中
編　　　輯	魏紫庭
美 術 編 輯	黃郁琇
發 行 人	南部裕
發 行 所	台灣東販股份有限公司
	＜地址＞台北市南京東路4段130號2F-1
	＜電話＞(02)2577-8878
	＜傳真＞(02)2577-8896
	＜網址＞www.tohan.com.tw
郵 撥 帳 號	1405049-4
法 律 顧 問	蕭雄淋律師
總 經 銷	聯合發行股份有限公司
	＜電話＞(02)2917-8022

TOHAN

國家圖書館出版品預行編目(CIP)資料

近未來宇宙探索計畫：登陸月球×火星移居×
太空旅行,人類星際活動全圖解!/InfoVisual研
究所著；陳識中譯. -- 初版. -- 臺北市：臺灣東
販股份有限公司, 2022.07
96面；18.2×25.7公分
ISBN 978-626-329-278-9(平裝)

1.CST: 太空科學 2.CST: 太空探測 3.CST: 通俗
作品

326　　　　　　　　　　　　　　111008257

ZUKAI DE WAKARU 14SAI KARA NO
UCHU KATSUDOU KEIKAKU
© Info Visual Laboratory 2021
Originally published in Japan in 2021
by OHTA PUBLISHING COMPANY, TOKYO.
Traditional Chinese translation rights arranged with
OHTA PUBLISHING COMPANY, TOKYO,
through TOHAN CORPORATION, TOKYO.